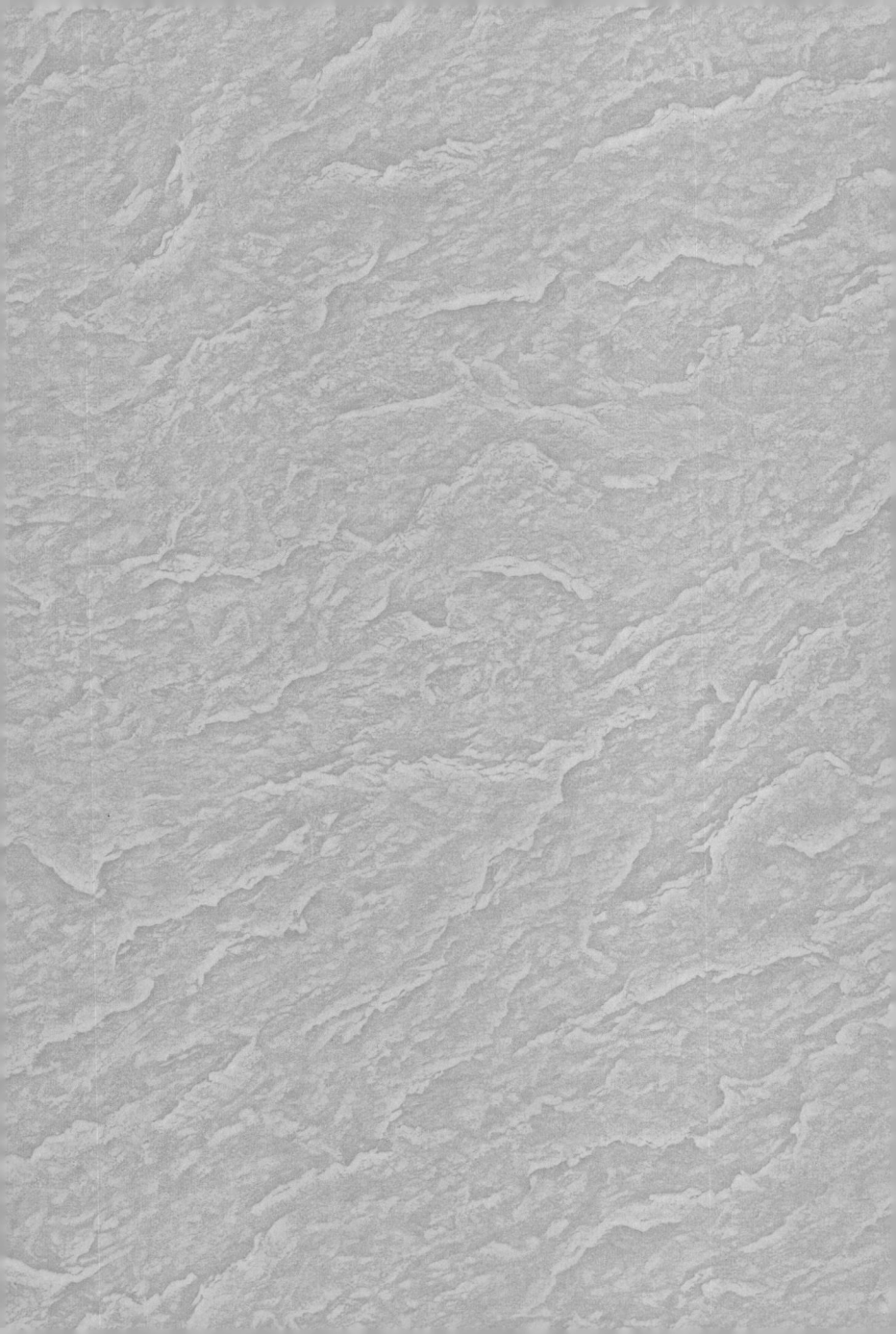

メダカが消える日

自然の再生をめざして

小澤祥司

岩波書店

メダカが消える日

目次

エディトリアル・デザイン＝海野幸裕＋宮本 香

特に断りがない限り、本書で「メダカ」と記載されているのは、日本在来の野生種 Oryzias latipes のことである。

また地域名や河川名を冠して「〇〇メダカ」と表記されている場合は、その地域または水系の在来野生メダカをさす。

序章

絶滅危惧種＝メダカとトキの間で

たった三〇年前、メダカは日本の平地の水田にあふれていた。夏の終わりには、水路のよどみに水面が真っ黒に見えるくらいたくさん泳いでいたものだ。だから幼児ならともかく、プライド高き小学生はメダカなどには見向きもしなかった。

まさかそのメダカが、絶滅危惧種に指定されようとは、多くの人は想像もしなかったに違いない。一九九九年二月、環境庁は、「日本の絶滅のおそれのある野生生物の種のリスト（＝レッドリスト）」のうち、汽水・淡水魚類についての見直し結果を発表した（巻末資料参照）。その七六種の中にメダカが含まれていたのである。正確に言うと、メダカが分類されたのは「絶滅危惧Ⅱ類＝絶滅のおそれが増大している種」であり、メダカ以上に危機にさらされている淡水魚がたくさんあるにもかかわらず、マスコミに大きく取り上げられたのは、やはり「まさか、あのメダカが」という思いが強かったためだろう。

しかし、すでに九五年の神奈川県版レッドデータブック（レッドリストに載った生物についてその生息状況などをまとめたもの）で、メダカが絶滅危惧種に指定されている。当時、神奈川県内の在来野生メダカ生息地は、すでに酒匂川水系と三浦半島の数カ所しかないとされていた。現在では状況はさらに悪化し、酒匂川水系の一カ所が県内最後の在来メダカ生息地ではないかと言われている。

同じ九五年には、広島県や埼玉県でもメダカがレッドデータブックに記載されてしまった。九八年にまとめられた東京都版のレッドデータブックにも、メダカが急激に減少している種として記載された。皮肉なことに、東京都では二三区内より多摩地区の減少が激しいというのだ。二三区内には古い大きな公園もあり、純粋に野生といえるかどうかは別にして、メダカが生息する池がけっこうあるかららしい。

このほか、一九九一年に山梨県で在来野生メダカの絶滅が、地元の淡水魚保護グループから発表されたこともある（ただし、その後再発見された）。このように、以前から各地でメダカの激減が指摘されていたのである。環境庁の発表はそれを追認した形になった。

絶滅危惧種と言われて思うのはトキのことである。

「ニッポニア・ニッポン」という学名を持つこの美しい大型の鳥は、かつて日本の平地の水田に普通に見られたという。いま日本産のトキは、佐渡のトキ保護センターにいる老いたキンが最後の一羽だ。中国からつがいを借り受けて繁殖の努力が続けられているが、日本のトキが絶滅する日は、確実に近づいている。

では、メダカもトキのようになってしまうのだろうか。そう問われれば、私は否と答える。メダカの飼育繁殖は容易だからである。水槽でも池でも、メダカという種そのものを飼育して保存することは、それほどむずかしいことではないからだ。

やがてトキは絶滅動物のリストに入れられ、博物館に展示されることになるだろう。一方のメダカは、水族館で飼育されて展示されるのだろうか。「その昔、日本中の水田にこの魚がたくさん泳ぐ姿が見られました」という解説付きで。

私たち日本人にとって、メダカとはいったいどういう存在なのか。なぜ、メダカが野外から消えようとしているのか。そして、メダカを失うことが、私たちにとってどのような意味があるのか。

メダカの生息状況を追っていくうちに、私は水田地帯にこの数十年間に起こってきた変化、農業がそして社会が抱えるゆがみと直面することになった。

メダカというちっぽけな生きものとすら共存できないで、私たちはいったいどこへいこうとしているのだろうか。

第1章

メダカ生息情報を求めて

自然教育とインターネット

「イモリ、ゲット！」

初夏のある日、小学生のわが家の息子とその友人たちを誘い、雑木林に囲まれた小さな田んぼに出かけた。東京・西多摩地区で活動する自然保護グループが共同耕作している場所である。田植え前で、大人たちが田起こしや水路の整備、「くろつけ」というあぜを補修するための作業をしているそばで、子どもたちも水田に入り、イモリやザリガニ、タイコウチなどを見つけては、歓声を上げた。はじめは泥の中に入るのをちゅうちょしていた子も、いつかつられて加わり、泥で真っ黒になって虫やカエルを追いかけ始めた。

こうして一日中飽きもせずに小動物と戯れる子どもたちを見ていると、「子ども」というものは少しも変わっていないのだとつくづく思う。

首都圏の自然観察施設で、就学前の小さな子どもたちのための観察会をやったときのことだ。当日はよく晴れた秋の日で、草はらにはたくさんのバッタがいた。観察会といっても、こんな小さな子ども相手に草花や虫の名前を教えてもしかたがない。活動的な子を一人二人見つけて、そそのかすことにした。

「そら、バッタだ！　つかまえろ」

都会育ちの子どもたちも、何回か失敗しているうちにコツをつかんでくる。そのうち、見事に手づかみにしたオンブバッタやショウリョウバッタを、私に見せに来た。その顔は、軽い興奮と達成感に輝いていた。後ろからこわごわ見ていた子も、一〇〜二〇分もたつと虫とりに加わっていた。

そのうちカマキリや大きなジョロウグモまで、つかまえて私に見せに来るようになった。

この日は「図鑑で見たトノサマバッタを、つかまえてみたかった」という男の子がいて、彼はついにその夢をかなえることができた。

つかまえた虫たちは、しばらく子どもたちの遊び相手になってもらった後、もとの草はらに放された。

自然の動植物を素材にしながら、生物の生存戦略や相互関係、自然保護や環境保全などについて学び、人と自然との共存方法を考える手法《プログラム》を「自然教育」と呼んでいる。

自然教育にたずさわり、その成果に期待を抱きながら、私は同時に限界も感じてきた。自然保護や自然との共生を掲げつつ、実は自然を消費する側に回ってはいないだろうか。そんな自問自答を繰り返してきた。

近ごろは自然教室・自然観察会を企画すれば、それなりに人が集まりはする。だが、参加者に自然との共生という思いをどう伝えるか。それができたとして、では伝わった思いをどう継続してもらうのか。それをどう検証するのか。やりっぱなし、いいっぱなしにならないためにどうしたらいいのか。

私は暮らしの場の近くでこそ自然教育を実践すべきだと考えている。自然から学ぶためには、身近に生きものとふれあい、季節の移ろいを感じることが欠かせない。しかし、たいていの自然教育施設や自然観察会が催されるフィールドは、参加者の生活圏から離れた場所にある。たまに訪れる郊外の施設、年中行事のような自然観察会では、一時的には「勉強」になるかもしれないが、好奇心を継続的に揺り動かし、それを創造力へと深めていく力にはなかなか結びつかない。フィールドをつねに目にし、感じることが必要なのだ。

そういった意味からすると、自然観察会や自然教育施設は「点」でしかない。不特定の人々、子どもたちがそこに集まってきて、去っていく。もちろん中には、二度、三度とくり返し参加する子どもも出てくる。このいわゆるリピーターをどう育てるか、自然教育に携わる人たちは頭を悩ませ、試行錯誤してきた。だが、施設での自然観察は、どこかガラス越しに自然をのぞいているようなところがある。都会からやってきて、数時間自然を垣間見て帰るのが、たいていの自然教室の実態のような気がするのである。

人間社会というドームがあり、自然というドームがある。その接点に開かれた窓が自然教育施設なのだろうか。

かつての農山村では、遊びがすなわち学びであった。両者は不可分に結びついていた。そのためのフィールドは、身のまわりにふんだんにあった。そもそも人間の生活と自然とが、綾織りのように混じり合っていたからだ。

たとえば、水田地帯の子どもたちにとっては、田んぼやそのまわりの水路は絶好の魚とり、虫とりの場だったし、台地・丘陵地帯に広がっていた雑木林は、昆虫の宝庫で、食べられる木の実など自然の恵みにもあふれていた。畑の周囲の草はらは、秋になるとバッタや鳴く虫でいっぱいだった。屋敷林にもたくさんの生きものがいて、家を一歩出れば、遊びの素材には事欠かなかった。

子どもたちは、身近な場所で遊びながら、生きていく上で必要な知識や技術を、体験を通じて少しずつ身につけることができた。何が何を食べるか(食物連鎖)、どういう場所でとれるか(生活史や生息環境)、どういう行動をするか(習性)、どういう環境であれば生きものがたくさんいるか(環境と生物多様性)を知り、学んだのである。

自然教育は、かつての身近な自然遊びの代償になりえるのだろうか。

身近なフィールドが失われ、地域の子ども社会が失われていく中で、「点」をせめて「線」に変えたい、できれば「面」にしたいというのが、私がずっと抱いていた思いだった。だが、どうしたらそんなことができるのだろうか。対象はあまりにも広く大きく、個人の力ではどうしようもないことのように思われた。

そんなときに出会ったのが、インターネットである。パソコン通信は初期のころかじったが、なじめずにすぐに離れてしまった。インターネットもパソコン通信と似たようなものだろうと思いこんでいた。しかし、実際に体験してみると、これは大きな可能性を秘めたまったく新しいメディアだとわかった。

ニューヨークに住む友人が、インターネットを使った子ども向けの教育サイトを開設して、大きな評価を受けていたことも刺激になった。

私はインターネットのサイト（ホームページ）を企画した。都市に自然がないのではない、気づかないだけである。都市に暮らしていても、工夫しだいで自然とふれあえる。その面白さを知ることができる。そのことに気づいてもらうには、どうしたらいいのか。

都心でも食草（幼虫が餌とする植物）さえあれば、やってくるチョウ。自然度を知るための簡単な植物しらべ。身近な動植物の関係に見る不思議。コオロギやバッタのすめる環境づくり……。「エコロジカルウェッブ」と名づけたサイトを、試験的に公開し始めたのは一九九六年の夏である。対象は小学生ぐらいの子どもたちとその親、とした。

しかし、公開して、すぐ思い知らされた。これは宇宙空間に向かって、ボールを投げているようなものだと。アクセスカウンターは数を重ねていくのに、反応はほとんど返ってこないのである。

情報発信だけで終わったのでは、サイトを開設した目的の半分しか達成していない。インターネットは双方向のメディアのはずである。キャッチボールができて初めて、「点」が「線」に、そして「面」に変わるといえる。

私はいくつかの試みを加えた。問題を出し、その答えを電子メールで送ってもらうこと。そして、身近な生きものの調査の呼びかけである。

調査のテーマの一つに、メダカを取り上げることにした。メダカは水田地帯で育った私が、子どものころからなれ親しんだ生きものである。しかも、近ごろ急激に数が減っているといわれていたからだ。ただし調査といっても大がかりなものではない。メダカの状況を知りたいこともあったが、これをきっかけに子どもたちが身近な水辺で、生きものとふれあってくれることが、最大のねらいであった。まず地域の、身のまわりの自然に目を向けてほしかった。全国調査という仕掛けで、彼らを水辺に誘い出せないかと考えたのである。

しかし、調査を呼びかけてから一年以上、期待とは裏腹に反応は数件しかなかった。そのころまだ、日本ではインターネットは一部の人々のメディアで、学校での利用もほとんど進んでいなかったのである。

つながりが見え始めた

一九九七年四月、長崎県諫早湾に築かれた潮受け堤防の水門閉鎖が強行された。海のギロチンと呼ばれた、その衝撃的な映像を見、そしてひからびていく干潟を想像しながら、私は遠く離れた東京にいて歯がゆい思いをするしかなかった。

そう感じていた多くの人がいたのだろう。早くからこの計画に反対し運動を続けていた、諫早干潟救済本部や日本湿地ネットワークなどを通じて、水門閉鎖に関する情報や、地元の反対運動、水門内の干潟の状況などが刻々とインターネット上に報告されると、電子メールが次また次へと発信され、鎖となってまたたく間に情報が世界中を駆けめぐった。農水省・長崎県に抗議のメールが殺到したのである。一連の動きの中で、私はインターネットの持つ力を知ると同時に、後で述べるようにその限界をもまた知ることになった。

九七年から九八年にかけて、日本でもインターネットは急速に普及した。九八年二月にはインターネット利用者が一千万人を突破したと見られる(日本インターネット協会編:『インターネット白書'99』、インプレス、一九九九)。この新たなメディアが普及するスピードは、これまでのどのメディアよりも速かった。

わがエコロジカルウェッブの方でも、状況が少し変化し始めていた。九七年の夏ごろから、リンクの申し込みがふえだしたのである。それも、さまざまな地域で同じような試みを模索する個人や団体からの申し込みだった。あらためて探してみると、さまざまなジャンル・地域で、自然教育を実践するサイトが見つかった。地域での実践がネットワークでつながる可能性が見えてきたのである。

メダカをテーマにしたサイトが、全国にあることもわかった。しかも、それらは単なるメダカ飼育のマニアのためのものにとどまらず、野生メダカの保全や復活をめざして活動するグループのもの、子どもたちにメダカを通じて生きものの大切さを伝えようとする個人のものなど、さまざまであった。

こうした状況の変化に後押しされて、メダカ調査のページをリニューアルし、共通の調査フォームをつくって、送り返せるようにしたのは九八年の春である。そしてインターネットを通じて知り合った人たちにメールを送り、協力を呼びかけた。

さらに、エコロジカルウェッブを見た新聞やラジオが、メダカ調査のことを紹介してくれた。反響は大きかった。エコロジカルウェッブの一日のアクセス数は、それまでの三倍以上にはね上がった。わずか一カ月と少しの間に、問い合わせは一二〇件以上、調査報告も八〇件以上集まったのだ。

メダカの減少や身近な自然の喪失に危機感を抱く、多くの人たちからの便り。メダカの保護に向けての活動情報。調査用紙とともにカンパが入っていた封筒もあった。うれしいことに学校や学級単位での取り組みもたくさん寄せられた。その後も調査を続けて何回も情報を送ってくれる子どもたちもいて、調査の呼びかけをきっかけに、新しいつながりが確かに生まれ始めていた。この年、秋の調査期間終了までに、報告は一五〇件を超えたのである。

多摩川メダカをさがして

東京の西を流れる秋川には、アユ釣りのシーズンが始まると多くの釣り人が訪れる。土手には、釣り人の乗ってきた四輪駆動車が点々と駐車していた。いつにもまして窮屈なその土手の道を移動しながら、私が目を凝らして見ていたのは、アユのいる川面ではなく、反対側に広がる水田だった。

「近くでメダカがいるところをご存じありませんか？」

知り合いのMさんにそうたずねると、彼は首をちょっとひねってから答えた。

「このあたりにはもういないんじゃないかな。一〇年以上前ならいたところもあったけど、その小川も暗渠になってしまったからね」

エコロジカルウェッブのメダカ調査のページをリニューアルしてしばらくたち、全国から情報が届き始めていたが、足もとの東京からの報告はまだなかった。東京の平野は、荒川と多摩川によってつくられたといってよい。とくに多摩川はその流域から見て、東京を代表する河川である。多摩川水系のメダカがどこかで見られないものかと、私はずっと思っていた。この地域の自然に詳しいMさんなら、メダカの生息場所も知っているのではないかと、たずねてみたのである。

私の住む東京西部のあきる野市から日の出町にかけては、秋留台地と呼ばれる平坦な地形が広がっている。その台地を秋川、平井川という多摩川の支流が流れており、その流域には現在でもまと

写真1・1　実りの時期を迎えた谷戸田（東京都町田市内）

まった水田が残っている場所がある。

期待に反してMさんの答えは否定的だったが、私はまだ納得していなかった。あれだけ水田があるのだ、メダカぐらいいるんじゃないか。とにかくさがしてみよう。久しぶりにメダカの群れ泳ぐ水田が見られるかもしれない。

休日を利用して、私の「多摩川メダカ」さがしが始まった。

最初に目星をつけていた秋川流域では、河岸段丘と堤防にはさまれた狭い沖積地に水田が続いていた。一部転作や休耕もあるが、なかなか心なごむ田園風景だった。ちょうど田植えが終わったばかりで、早苗が風に揺れていた。シオカラトンボが、ときどきスッと風を切るように早苗の上を飛んだ。

一部の水路は土のままの掘り上げで、草も生えている。期待できそうであった。

しかし、近づいてみると、目につくのはアマガエルのオタマジャクシばかりなのだ。ゲンゴロウ類などの水生昆虫も見えない。タニシやカワニナはともかく、水田に普通に見られるモノアラガイすらいないのである。

しらみつぶしにさがし回ったが、Mさんのことば通り、メダカはどこにもいなかった。

あきらめきれずに私は、あきる野市から八王子市や日野市などへと下り、多摩川流域にある水田地帯や支流を調べて回った。可能性のありそうな谷戸《やと》も一カ所一カ所見て回った。

谷戸（あるいは谷津《やつ》、谷地《やち》ともいう）とは、主に関東地方で、丘陵地や台地を細い流れが削った幅の狭い浸食谷を呼ぶことばだ。平野の少ない地方では、このような地形を利用して、俗に「谷戸田」と呼ばれる水田がつくられてきた（写真1・1）。

だが、調べた谷戸の多くは、埋めたてられ、あるいは耕作放棄され荒れ果てて、もう水がほとんど流れていなかった。見上げると、ニュータウン開発がすぐ向こうの尾根まで迫っていた。

多摩川水系に、メダカはもういないのだろうか。どこかにひっそりと世代を重ねている場所はないのか。さがし始めて何度目かの週末である。谷戸に沿って峠に続く狭い道路を上っていくと、雑木林に囲まれ丹念に耕作された水田が見えた。

その風景に誘われるように、私は道路から下りて水田の脇に立ち、水面をのぞき込んだ。四肢がはえ尾が短くなり始めたアマガエルの幼生に混じって、ハイイロゲンゴロウやヒメゲンゴロウが泳いでいる。水底を這うのはマルタニシだ。ゲンゴロウ類やマルタニシとメダカは相性がいいことを思い、心がはやった。

そして、果たしていたのである、メダカが。

メダカは水田のわきのゆるやかな流れの水路に、数尾ずつ固まって泳いでいた。大きさからすると今年生まれた仔魚のようであった。やっと見つけた。どこかに親メダカもいるかもしれない。興奮を抑えながら水路をたどっていくと、木立に囲まれた池があった。ヘラブナ釣りの看板が出ており、何人かの客が釣り糸を垂れていた。

用具小屋の修繕をしていた男性が、釣り堀の経営者だった。私はおそるおそる尋ねた。

「この下の田んぼにメダカがいますよね。昔からいたものですか?」

「ああ、メダカね。池から流れていっちゃうんだよ。一〇年ぐらい前かな、埼玉でつかまえてきてこの池に放したんだ。タニシとか、ドジョウとか、タナゴもいっしょに」

私は二重の意味で声を失った。発見したと思っていたメダカが、放流であったこと。しかもそれが、多摩川水系でなく、ちがう水系のものだったからである。

「大雨が降ると、多摩川の本流の方まで、流れて行ってるかもしれないよ」

おそらくそのとおりだろう。

結局、純粋に多摩川在来といえるメダカを、流域で見つけることはできなかった。

そして荒川水系も

ある在京テレビ局から、環境をテーマとした公共CMに水辺とメダカを取り上げたいという協力依頼があった。東京近郊でメダカのいるところはないだろうかとたずねられて、困った。多摩川流域は前述のような状況だったし、神奈川県はすでに確実な生息地は一カ所だけで、そこを公共CMとはいえ、不特定多数の人が見るテレビに映すことは避けたかったからである。

「埼玉方面ならいるかもしれません。さがしてみましょうか」

確証はなかったが、荒川―元荒川流域でさがすことを私は提案した。メダカ調査にも流域から何件かの生息情報が寄せられていたし、一帯は低地で工業団地の建設や宅地化が進んでいるとはいえ、まだ広大な水田地帯が残っている。多摩川流域よりは条件が良さそうだった。

浦和市・大宮市・岩槻市・蓮田市・伊奈町そして鴻巣市と、荒川―元荒川流域に広がる水田地帯を、私たちはメダカをさがしながら移動した。実際のところ、私はすぐに見つかるだろうとたかをくくっていたのだが、その見通しが甘かったことをすぐに思い知らされた。

河川本流や見沼用水は豊かに水を湛え、ゆったりと流れていた。本流のどこかにはメダカがいるのかもしれないが、水田周辺には全くメダカの姿がないのである。多摩川流域をさがしたときと、

全く同じである。作業する農家の方に訊ねても、

「メダカ？　最近見たことないね」

首を振るばかりである。

意気消沈してメダカのいない水田地帯を走っていると、撮影スタッフの一人が「ここはいそうじゃないですか？」と車を道路脇に止めた。幅三〜四メートルの川だった。向こう岸にある施設の門柱には、下水処理場の看板がかかっていた。川の両岸はヨシやマコモでおおわれているが、処理水を流しているのだろう、水量は多いが水はかなり汚れ、白っぽくにごっていた。そこは荒川の支流で、全国有数の汚染で名高いA川の源流部だった。

ところが、本当にメダカがいたのである。数尾から十数尾ずつ、川面の至るところに群れていた。かなりの数である。

「メダカって、こんな汚いところでも平気なんですか」

女性ディレクターが驚いたように言った。

「いや、もうこんなところでしか生きていけなくなったんですよ」

メダカの泳ぐ川面をながめながら、私はそう答えるしかなかった。

第2章

メダカは どういう生きものか

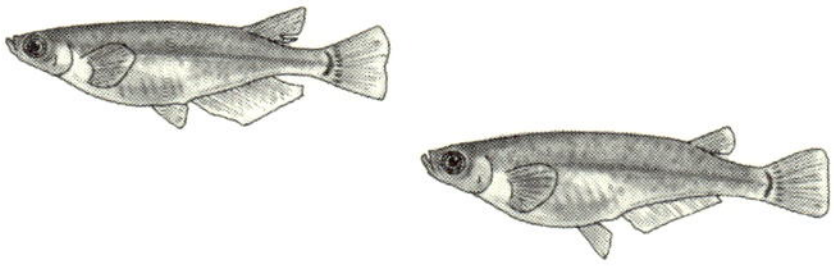

水田の魚・メダカ

メダカは水田の魚である。メダカの学名オリジアス・ラティペス（Oryzias latipes）は、「水田にすむ幅広いひれをもつ魚」というほどの意味だ（Oryzias ＞ Oryza ＝イネのラテン名）。

先年亡くなった茶木滋さんの有名な童謡では、「めだかの学校は川の中」と歌っている。しかし、この川は音を立てて流れるような河川本流ではなく、流れの緩やかな小川である。水田や、水田に水を引くための用水路が「めだかの学校」の本来の所在地なのだ。

田植えのシーズンを迎え水が張られた水田は、浅く暖かで、栄養豊かである。餌になるプランクトンが豊富で、外敵は少ない。初夏、メダカは水が張られた水田に入ってきて、盛んに産卵する。稚魚にとって、水田はまさにゆりかごである。生まれた稚魚は短期間に生長し、また水路をたどり、広がっていく。だが、旱天が続けば、ゆりかごは地獄に変わる。夏の土用干しや稲刈り前の落水時に水路に脱出できればいいが、逃げ遅れてひからびるものも少なくない。

水田で産卵する魚は他にもいる。ドジョウやフナ、ナマズなどがそうである。田植えの時期、水田が水で満たされるようになると、彼らも水田に入ってきて産卵する。ただし、メダカに比べて大きく目立つ彼らは、浅い水田では鳥などに捕食されやすいため、産卵は夜間に行われることが常だ。そして産卵が終われば、用水路や河川に戻ってしまう。

メダカを含め、水田で繁殖する淡水魚は、もともと雨期に増水して水たまりとなるような場所＝「一時的水域」を利用していたと考えられる。一時的水域は、ところどころ水たまりが残るような河原であったり、氾濫原の低地（後背湿地）であったりするのだが、日本でいえば梅雨や夏の台風の時期、大雨が降ると河川からの水があふれて水びたしとなるのである。

一時的水域は、生物にとって重要な意味をもっていることが知られている。多くの魚類、カエル、トンボなど、一時的水域を産卵場所として利用する生物がたくさんいるのだ。一時的なるがゆえに捕食者が少なく、氾濫がもたらす栄養豊かな土が暖かい水に浸かることで、小さなプランクトンを育て、それに連なるさまざまな生きものを養うのである。

しかし、一時的水域はつねに干上がる危険が待っている。そのために、一時的水域を利用する生きものは短期間に発生を終えて孵化し、また生長することでその危険を逃れるようだ。メダカの発生に要する期間はほかの魚に比べると長い方だが、後述するようにメダカが少しずつ長期間にわたって産卵するのは、やはり干上がることへの適応なのだろう。

さて、水田稲作は長江（揚子江）流域に始まったことがほぼ確実で、その起源は一万年以上前にさかのぼると言われている。約一万年前には最後の氷河期が終わり、地球はどんどん暖かくなった。六五〇〇〜五五〇〇年ほど前は気候温暖期（ヒプシサーマル）で、海面は今より数メートル高かった。日本でもこの時代、場所によってはかなり内陸まで浅い海が入り込んでいた。いわゆる「縄文海進」

である。

縄文時代は、森の豊富な木の実と浅い海での漁労が人々の生活を支えた。東日本の平野部ではこの時代の海岸線であった台地上に、多くの遺跡が見られる。しかし温暖期のピークが過ぎると、海はしだいに退いていく（「海退」）。河川が運んだ土砂によって、浅い海には次第に三角州や扇状地が形成された。やがて、西日本には大陸から水田稲作の技術・文化が伝わり、急速に全国へと広まった。

稲自体は縄文時代にすでに日本に到達していたらしい。ただそれは焼畑地で栽培される陸稲であったようだ。水田稲作が日本で始まるのは、縄文時代晩期（紀元前五世紀ごろ）まで待たなければならない。初期の水田は、おもに海退によってあらわれた平野や低湿地、すなわち氾濫原を利用して開かれたらしい。湿地を小さく区切って土手をつくり、そこに水を引き込み、稲を育てたのだ。

もうおわかりだろう。水田は湿地に暮らすメダカを追いやるのではなく、むしろ人間が管理することによって氾濫原の役割を肩代わりし、一時的水域をより広範にかつ安定的に提供してきたのである。水田稲作が始まったとき、同時に二〇〇〇年以上にわたる、日本人とメダカとの長いつきあいが始まったと言えるかもしれない。

「安定的な一時的水域」というのはことばに矛盾があるが、自然河川は常に流域を変化させ、氾濫原も一定の場所にあるわけではない。しかし、水田は基本的に毎年、同じ場所に同じ時期に水が満たされる。一年を通じては「一時的」でも、それが毎年同時期に繰り返されるという意味で「安定的」なのである。もっとも、初期には土木技術も未発達で水を制御することもままならないため、見渡す限りきれいに耕作された水田ではなく、湿地状の氾濫原の中で条件のよいところを細々と使っているような状態であったようだ。洪水にひどく洗われれば放棄せざるを得なかった。いま水田遺跡として発掘されるのは、そのようなところである。

北九州に渡来した水田稲作は、短期間に日本中に広まっていった。弥生時代中期には青森県津軽平野に到達した。この間たった四〇〇年しかかかっていないという(藤原宏志:『稲作の起源を探る』、岩波新書、一九九八)。栽培技術が北に伝わっていくときには、寒冷地に適応した品種の創出を並行して行わなくてはならない。当時は十分な品種改良技術などなかったであろうから、これは驚くべき速さだといえる。

さらに稲作は海に近い湿地帯から、水系をさかのぼり平地の少ない上流へと伸びた。谷間の湿地帯を切り開き、山のしぼり水を引いて谷戸田や棚田とした。水田の脇を灌漑用の水路が縦横に走ったことだろう。

初期の水田は、現在のように一区画が大きくとられていない。傾斜地では、一区画を大きくとると動かす土の量が膨大になる。また、イネをよく育てるには水田をむらなく平らにならし、水深を均一に保つ必要がある。平地であっても小区画に区切ったほうが管理がしやすかったのだと思われる。

このゆるやかな水路、水田のつながりをたどって、メダカは広がったに違いない。もちろんそこにはたくさんの生きものもやってきた。

こうして、水田はメダカをはじめ多くの生きものにとって欠くことのできない生息環境となった。多くの水生昆虫、カエル、魚類にとっても水田は重要な産卵・生息場所となった。生きものあふれる水田はこうしてできあがった。

メダカは水田をめざす

冬の間は水路の深みや泥の中などでじっとして過ごしたメダカは、日脚が長くなるとともに活発に泳ぎ餌をとるようになる。そして、だいたい最高水温が二〇度、最低水温が一〇度を超えるころになると、産卵をはじめる。関東の平地だと四月下旬から五月上旬である。そして夏まで産卵が続く。田起こしが終わり水田に水が張られるようになると、メダカは水路から水田へと移動する。産卵期間はちょうど、水田が水で満たされている時期と一致している。

成熟したメダカは、雌雄がはっきりと区別できる。オスはしりびれが長くなり、背びれの軟条がたくましく伸びて力強さを感じるようになる（図2・1）。

産卵は主に早朝に行われる。オスは、これはというメスを見つけて後を追う。そのうちオスはメスを追い越しながら身を震わせて泳ぎ、ひるがえっては戻るという動作をする。ペアリングがうまくいくと、やがてオスはその長いひれでメスを抱くようにして体をこすり合わせ、産卵を促す。メスが産卵すると、すかさずオスは精子を振りかける。

メスが一度に産卵する数は、せいぜい一〇~二〇個程度と少ない。卵はしばらくメスの尻に着いているが、やがて、水草や藻などに付着させる。栄養状態がよければ、繁殖期を通じてメスは毎日

写真2·1　メダカのペアリング

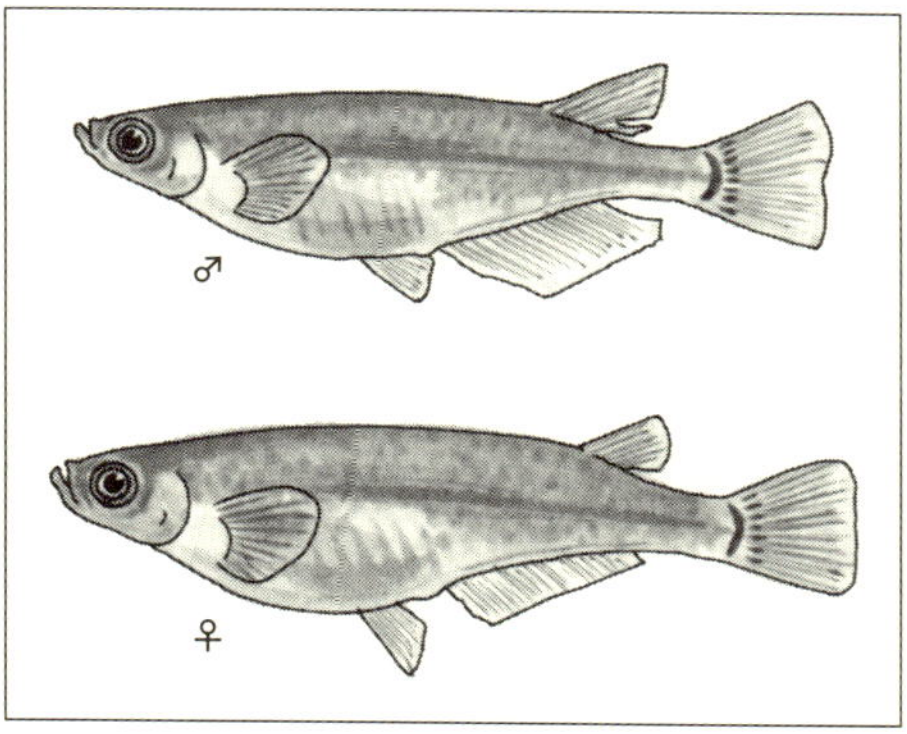

図2·1　メダカのオスとメス
浅田ちひろ・画

のように産卵するので、一尾のメスが一シーズン（五月上旬から六月下旬として約六〇日）に産む卵の総数は、六〇〇〜一二〇〇個になる計算だ。

このように、一対のペアがいれば、計算上は一シーズンに三〇〇〜六〇〇倍に増えることになる。外敵が多く条件の厳しい自然界ではこんなことはあり得ないが、繁殖シーズンを通じて卵を小分けにして産み、爆発的な繁殖力をもつことが、メダカの生存にとって欠かせない戦略と思われる。少し晴天が続けばあっという間に干上がってしまう危険がある一時的水域では、長期間少しずつ分けて産卵することは、卵そして稚魚に降りかかる危険を分散させるうえで役立っているのであろう。もちろん、体の小さなメダカが一時にたくさんの卵を産むことは、もとより考えにくいことではあるが。

メダカの卵は、水温によっても違うが、一週間から一〇日ほどで孵化する。孵化直後の稚魚は体長四ミリメートルほどで、針の先ほどに感じる弱々しさだ。初めは卵の栄養が残っているので餌をとらないが、しばらくすると微小なプランクトンや、細かい藻を食べるようになる。水が張られた水田はしろかき作業によって底の泥が適度にかきまぜられているので、土中で休眠していた微生物の卵や胞子などが水中に放出される。暖かく養分に富んだ水の中で活動を始め、急激に増えた大量の微生物が、稚魚の食餌となるわけだ。しかも稚魚の生長とともに微生物も生長し、あるいはより大型のものが発生してくるのである。

メダカに限らず、孵化したばかりの稚魚の遊泳力はたいへん弱いので、少しばかりの流れでもひとたまりもなく流されてしまう。水田という環境は、稚魚にとってたいへん都合よくできているとつくづく思う。

もっともメダカは成魚になっても、遊泳力がそれほどあるわけではない。スッ、スッと瞬間的に泳ぐスピードは速いようにみえるが、そのスピードで長く泳げるわけではない。水流の強いところは、苦手である。

魚が敵に襲われたり餌に飛びつく時など、瞬間的に出す速度を「突進速度」、長時間続けて泳ぐ時の速度を「巡航速度」という呼び方がある。メダカの突進速度は四〇センチメートル／秒以下、巡航速度は五センチメートル／秒以下であるという（森下郁子他：『川と湖の博物館8　共生の自然学』、山海堂、一九九七）。確かに実際に野外で観察すると、一〇センチメートル／秒以上の流れでは、かなり無理して泳いでいるように見える。

それでも、水田から水路へ水が流れ出しているところ（「水尻《みなじり》」という）では、段差を必死に乗り越えようとする。そこには上流へ上流へと向かう執念のようなものすら感じる。その先に「ゆりかご」があることを彼らは本能的に感じ取っているのだろうか。

水田は日射によって温められるので、水温が上昇する。産卵のために水田に入り込む淡水魚は、水田から流れ出す暖かい水を感知していると考えられてきた。しかし、農水省農業工学研究所の実験によれば、水田への遡上行動に必ずしも温度差は関係しないという（農業工学研究所ニュースリリース、一九九八・四・二三）。とすると、水流の変化が遡上行動の引き金になっている可能性もある。いずれにせよ、フナやナマズなどと同様、メダカも水尻側から水田に入り込むケースが多いと考えられる。

メダカは飼育下では二〜三年生きるが、野外では夏前に一通りの産卵を終えて、死んでしまうものが多い。つまりほとんど一年魚なのだ。過酷な冬を乗り切って産卵することがどれほどたいへんなことか。次世代に命を託して、自らは水田で分解され微生物を養い、やがて子の栄養となることを選択しているようにも見える。

モンスーンアジアに育まれて

メダカは北海道南部から沖縄までの一部の離島をのぞく日本全国と朝鮮半島、中国に分布している（北海道南部の一部に生息しているものは、人為的に持ち込まれたと言われている）。

ただし、日本のメダカの染色体数が四八あるのに対して、中国大陸から朝鮮半島西側に分布するグループは四六と少なく、亜種（チュウゴクメダカ）とされている。後から広がった比較的新しいグループのようである。

メダカの近縁種（メダカ属＝Oryzias の魚種）は、すべて熱帯アジアを中心に分布していることや、照明

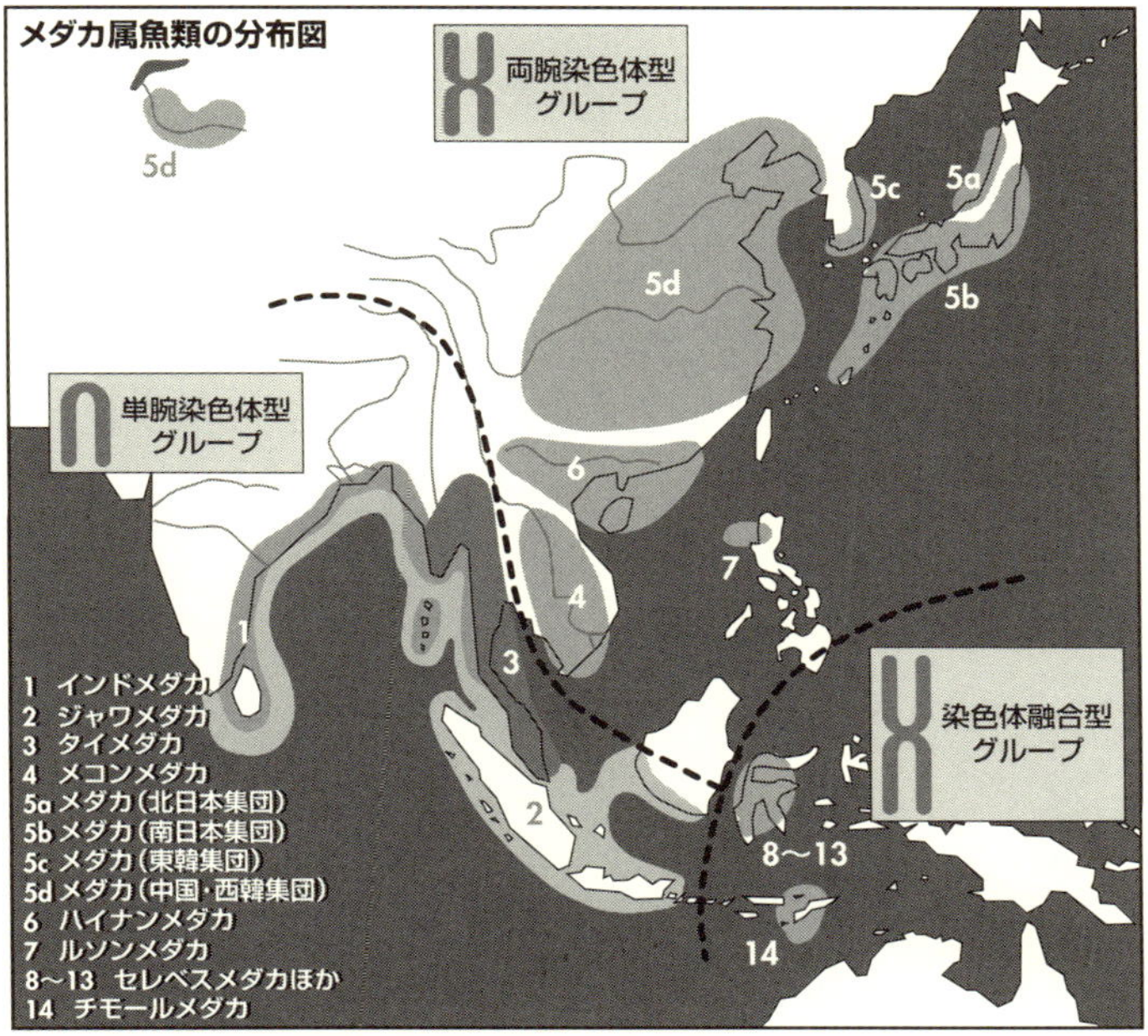

図2・2　メダカ属魚類の分布
（宇和紘：「アジア固有の魚―メダカ」、参照：『週刊朝日百科　動物たちの地球』88、朝日新聞社、1993）

で明るい時間を長くし温かい水で飼育すると冬でも産卵することなどから、メダカは遠い昔、熱帯～亜熱帯アジアから温帯に進出したと考えられている。元信州大学理学部教授の宇和紘氏（故人）によれば、メダカ属の分布は、ベンガル湾沿いにインド亜大陸の東側からインドシナ半島、さらにインドネシアからフィリピンにかけての多島海、そして中国・朝鮮半島・日本列島と、ちょうどアジアの稲作地帯と重なっている（図2・2）。まさにOryziasという名前にふさわしい。これは偶然なのだろうか。

結論からいえば、偶然というしかない。稲作はたかだか一万数千年前までさかのぼるにすぎないが、メダカの仲間は数百万年の昔からアジアにくらしていたと考えられるからである。しかし、イネもメダカも、一年のある時期に大量の雨が降るモンスーンという気候に適応した植物であり動物である。人間はその気候に適した作物を主食として選んだのであり、そしてその栽培環境に進出してきたのがメダカなのである。その意味では必然があったといえるだろう。

ところで、日本にいるメダカはすべて、同一種である。ペットショップで売られているヒメダカも、種としては同じメダカ（Oryzias latipes）だ。

それなのに、水系や地域名を冠して「〇〇メダカ」と呼ぶことがある。それは、後で述べるように地域によって、少しずつ変異があることがわかってきたからである。

それどころか、実際にメダカにはたくさんの名前があったのだ。

私の子どものころのメダカの呼び名は「めんざあ」という。実は最近までずっと忘れていたのだが、この名を口にすると子どものころのふるさとの水辺がなつかしく思い返される。身近な生きもの の呼び名というのは、地域の風景と不可分に結びついているようだ。

「めんざあ」という名を思い出させてくれたのは『メダカ乃方言』（辛川・柴田著、未央社、一九八〇）という稀覯本である。この本には全国各地、さらに中国や朝鮮半島まで、集めに集めたメダカの呼び名がおさめられているのである。この本によると、メダカの地方名はおよそ五〇〇〇にも及ぶという。地方名にこれだけの変異を持つものは、ほかにない。

戦前から戦後にかけて、この気の遠くなるような作業をしたのは、辛川《からかわ》十歩という在野の一研究者であった。辛川氏自身は残念ながら『メダカ乃方言』の完成を見ずに世を去っている。

彼がどのような思いでこの仕事に取り組んだのか、その本心は今となっては知る術もないが、同書の解説を書いている柴田武氏は、メダカの名称の変化から稲の渡来を探ろうという民俗学的関心があった、と推定している。辛川氏は、メダカと稲作との関係に思いを馳せていたのだろうか。

ともかくも、辛川氏のおかげでこれほど多くのメダカの地方名を保存することができた。彼が集めた地方名の一覧をみていると、地方ごとの大きなまとまりもあるが、その中でも細かく分かれており、隣り合った地域でも変化がある。字《あざ》ごとに違うのではないかと思われるほどだ。もちろん、ふだんよく目につく存在であったからこそ、このような豊富な地方名を持つに至ったのであろう。メダカが日本の水田にくまなく生息していたこと、そして人々が日常的にメダカに接していたことがわかるのである。じつに日本人にとってメダカは身近でなじみ深い存在であった。ふるさとの生きものとして、人々に親しまれてきたのだ。

しかし、現在多くの地域では、地方名とともにその名で呼ぶべき魚そのものが消えてしまったのである。

海を泳ぐメダカ

それにしてもメダカの分布範囲は、一つの種としてはかなり広いといえるだろう。かくも弱々しい魚が、日本のみならず、中国や朝鮮半島にまで分布しているのはどうしてだろうか。

メダカが海水でも生きられることは、あまり知られていない。

淡水魚は、まわりの水より体液の方が塩分が濃い。そのままでは水分を吸収し、体液が薄まって水脹れしてしまう。そこで、腎臓を通じて尿として大量の水分を排出することで、体液の濃度を保つ。海水魚ではその逆に水分を失いがちなので、飲んだ水から塩分を排出し、水分を補給する。この両方の機構をそなえることでサケやアユのような魚は、海水と淡水を往復することができる。そしてメダカにもこの能力があるのだ。

このことは、私も確かめたことがある。大学時代、研究室でヒメダカを実験に使っていた。この時思い出したのが、小学生のころの体験である。実は私も「海のメダカ」を見たことがあったのだ。

静岡県の西の端にある浜名湖は、室町時代に地震で海とつながってしまった塩水湖である。静かで遠浅なので、昔も今も絶好の潮干狩りや海水浴のスポットだ。小学校六年生の夏、海水浴に行った浜名湖で、私は水面近くを一尾のメダカらしい小魚が泳いでいるのを見たのだ。しかし、私はその小魚をじきに見失ってしまい、メダカであるとは確認できなかった。まわりの大人にいっても信じてもらえなかったことが、悔しい思い出として残っていたのである。

研究室で私は、ビーカーに入れた水に、人工海水を溶いた。はじめは海水濃度の五分の一程度にした。水槽のヒメダカをビーカーに移すと、何事もなかったかのように泳ぎだした。数時間おいて、ならしてから移すということを繰り返し、徐々に塩分を濃くした。最終的に、海水とほぼ同じ濃度にしたが、ヒメダカには何の影響もないようだった。

かつてメダカが瀬戸内の塩田に群れ泳いでいた、と記されている本もある（宮地伝三郎：『淡水の動物誌』、朝日新聞社、一九六三）。だとすれば、通常の海水よりかなり濃い塩水の中でも、メダカは生きていられるらしい。

メダカが海水でも生きられるということは、何を意味するだろうか。メダカは海流に乗り大洋をわたって、東アジアから、日本にまで分布を広げたのだろうか。

メダカの分布を見ると、中国から朝鮮半島の西側にかけて分布する中国―西韓集団（チュウゴクメダカ）、朝鮮半島の東側に分布する東韓集団、日本の丹後半島から青森県にかけての日本海側（青森では太平洋側まで）に分布する北日本集団、それ以外の日本各地に分布する南日本集団という四つの大きな集団に分かれることがわかっている（図2・3）。

このことを解き明かしたのは、新潟大学理学部の酒泉満教授だ。酒泉教授は東京大学大学院時代に研究テーマとしてメダカを取り上げて以来、二〇年にわたり全国を調べ歩き、メダカを採集して

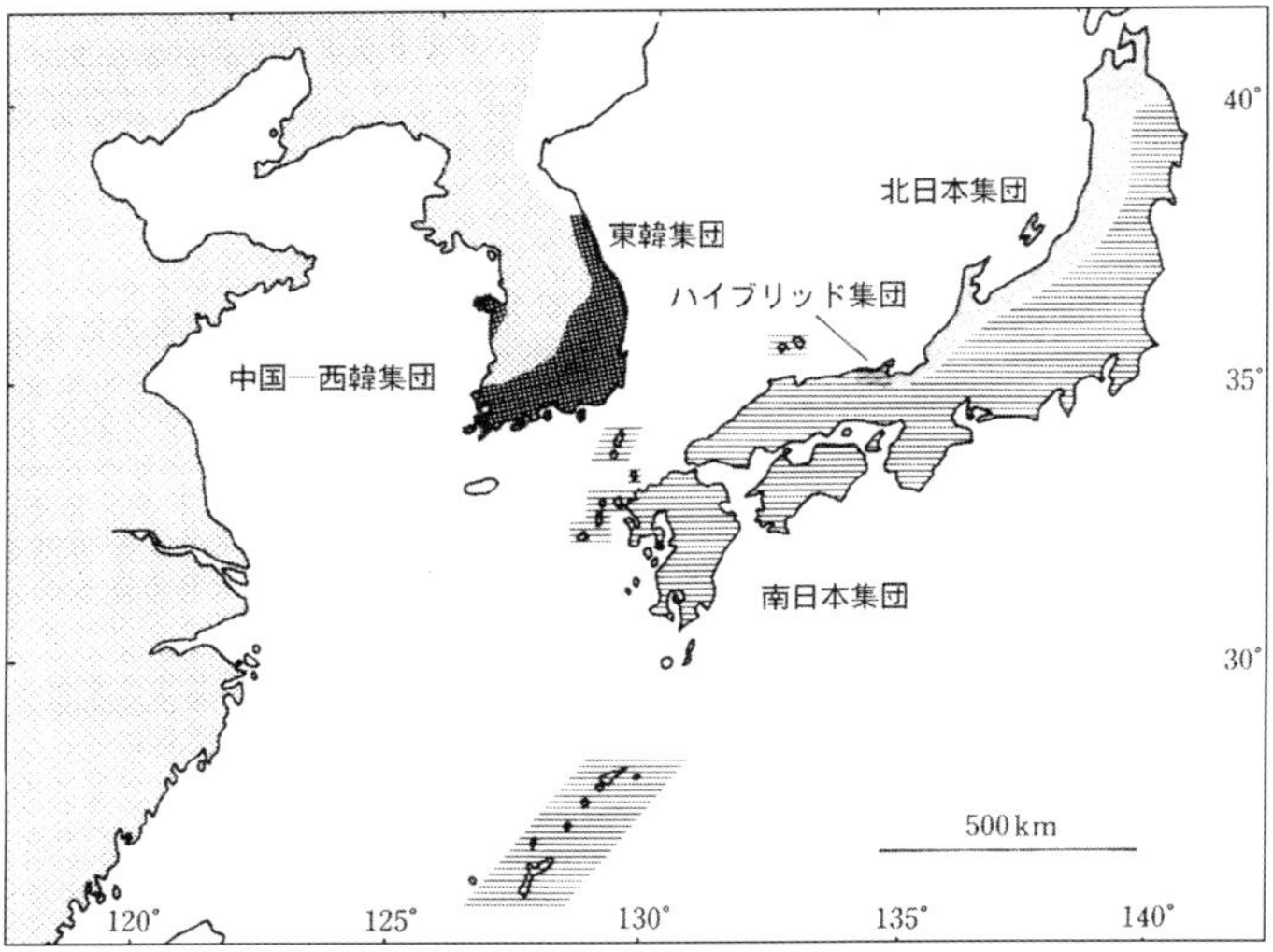

図2･3　東アジアのメダカの分布と地域集団
（酒泉満：「遺伝学的にみたメダカの種と種内変異」、『メダカの生物学』（江上・山上・嶋編）、東京大学出版会、1990）

きた。

実は四集団に分かれるメダカも、外見上はほとんど区別することができないのである。かろうじてしりびれの軟条数に地域差があることが以前からわかっていたが、それも統計的に調べてみての話である。

酒泉教授はメダカの酵素タンパクを調べることで、遺伝子の違いを明らかにした。その結果、メダカには地域ごとに先のようなまとまりがあることがわかったのである。

酒泉教授の研究によれば、北日本集団は比較的均質なのに対して、南日本集団はさらにいくつかのグループに分けることができるという（図2・4）。つまり同じメダカといっても、遺伝子レベルで見ると地域ごとに個性あるグループが形成されているのである。外見では見分けられなくても、メダカの集団間の隔たり（遺伝子距離）は、いや南日本集団内の変異でさえ、人間で言えばアフリカ人やヨーロッパ人、アジア人といった違いよりもずっと大きい。

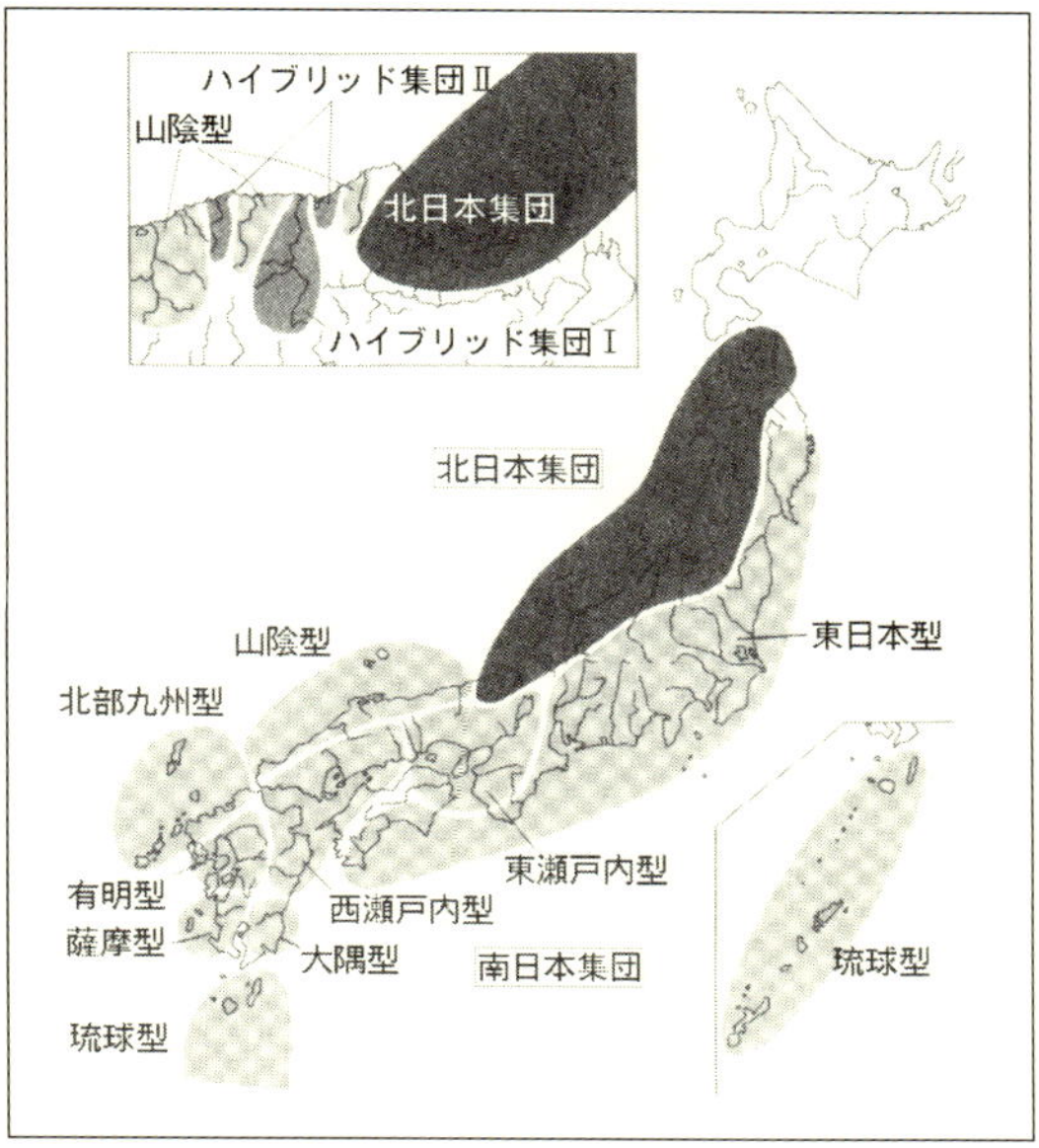

図2·4　日本産メダカの地方個体群
（酒泉満：「淡水魚地方個体群の遺伝的特性と系統保存」、『日本の希少淡水魚の現状と系統保存』（長田・細谷編）、緑書房、1997）

主要四集団間では、一部の例外を除いて長い間、おそらく一〇〇万年以上にわたって、お互いに遺伝子の交流がなかったと考えられる。

ここで注目したいのは四つの集団の分布域が、基本的には海と高い山嶺で隔てられていることである。

メダカのように海でも生息できる淡水魚は二次的淡水魚と呼ばれる。しかし、メダカにとって海は本来の生息地ではない。

海でも生きられるといってもそれは一時的なことで、メダカは大海をわたって分布を広げることはできないのである。

また淡水魚は水系をたどってしか移動できないので、河川の流域に移動を限定される。しかも、メダカは速い流れが苦手なので、上流域にはほとんど生息しない。ましてや水がとぎれる分水嶺を越えることはできないのだ。

メダカの故郷はどこか

メダカは海で隔てられると移動できない。ところが、南日本集団は、海で隔てられた本州・四国・九州・南西諸島と一部の離島に分布している。これはどうしてだろう。

実はいま海である場所も、かつて陸地だったことがある。陸地はゆっくりと変化しており、かつては日本列島の形もいまとはずいぶん異なっていた。また、氷河期には最大一〇〇～一五〇メートル以上海水面が低下したことがわかっている。氷河期には島は陸続きになり、現在は海底になっている場所に川が流れていた。また、地続きにならなくても距離がきわめて近ければ、沿岸の浅い海を移動することができたかもしれない。

また、現在の河川がずっと同じ場所を流れていたというわけではない。長い間には流域を変え、二つ以上の河川が合流したり、下流域の湿地帯で水系が重なったり、あるいは別の水系に分かれたりしたこともあっただろう。場合によっては上流で分水嶺が変わることもあった（これを河川争奪という。京都府の由良川上流や島根県の江の川上流では、実際に河川争奪が起こったことが確かめられている）。このように、河川の流域が変化するのに加え、海進や海退によって、下流域が合流したり離れたりするので、現在の地図で見るよりずっと複雑な移動経路が考えられるのである。

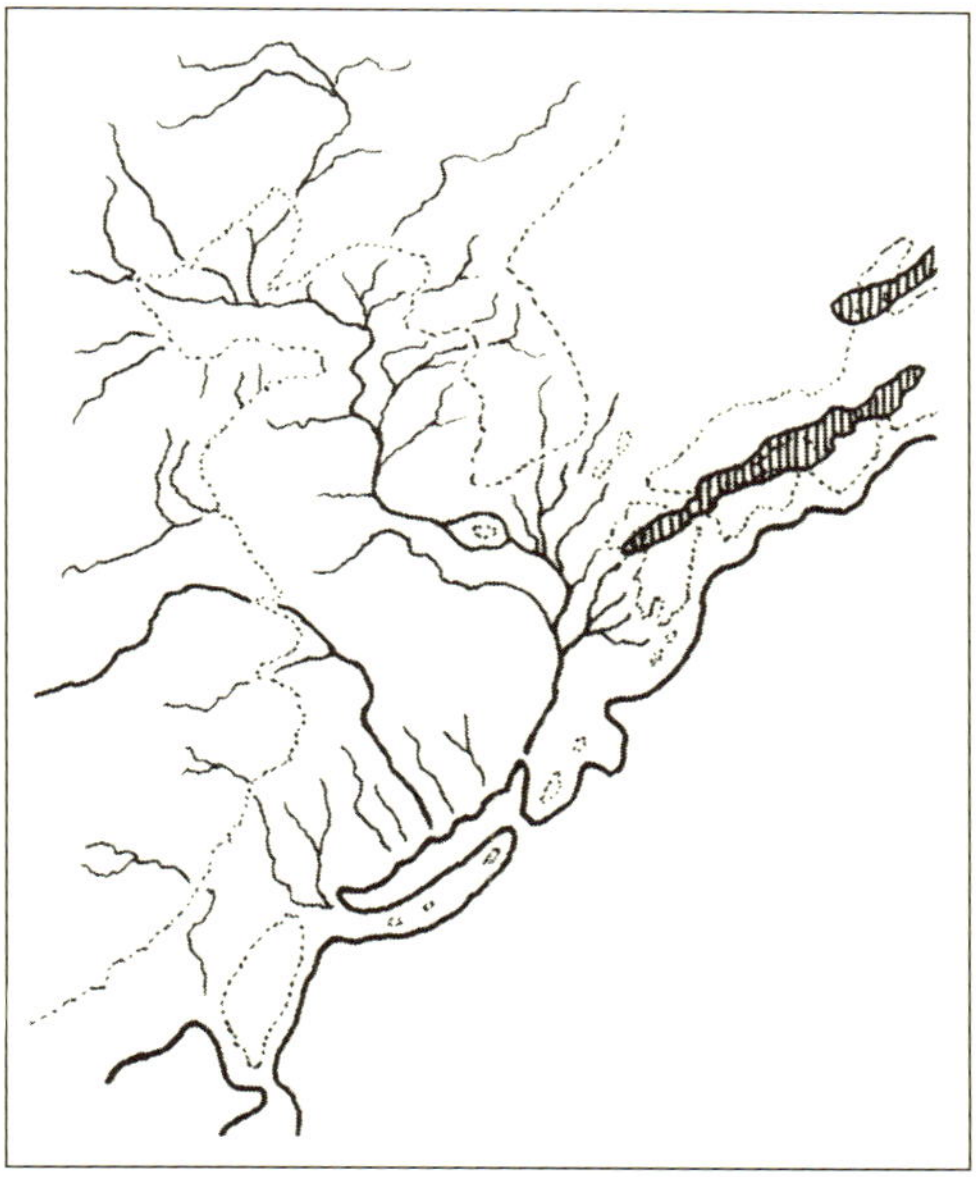

図2･5　鮮新世中〜後期における東アジアの河川系および海岸線の推定図
（西村三郎：『日本海の成立』、築地書館、1990）

日本のメダカに最も近縁と考えられているのが、メコン川流域にすむメコンメダカや、中国南部〜インドシナ半島にかけてすむハイナンメダカである。メダカはこの仲間かその共通の祖先から、ある時期に分かれた。その過程で、どこかで寒冷適応を経て、北に広がったのだろう。その時期がいつごろのことか、その場所はどこなのか、詳しいことはわからないが、一つの興味深い説がある。

東アジアの淡水魚類の起源について研究した人に、旧ソビエト連邦の魚類学者リンドベルクがいる。リンドベルクらの説を参考に、西村三郎氏（現・京都大学名誉教授）が描いた鮮新世中〜後期（約四〇〇〜二〇〇万年前）の東アジアの様子が、図2・5である。このころ日本列島は中国大陸と陸続きであり、現在の東シナ海にあたる陸地には古黄河が流れ、現在の南西諸島の西側にあった入江にそそいでいたというのである。現在の日本列島にあたる地域の南北両側から流れ出す河川は、古黄河に合流していた。長江（揚子江）も同じ入江にそそぎ込んでいたという。

海水でも生きられる能力をもっていることから、大海を泳いでわたることはなくても、かつてメダカの祖先が海と関わりを持っていたことは十分考えられる。実際メダカの仲間には、熱帯のマングローブ帯の汽水域にくらすものもいる。メダカ本来の生息地は、河川下流の感潮域（潮の満ち干の影響を受ける淡水域）であったのかもしれない。黄河や長江のような大河川がそそぎ込んでいたとすれば、この入江は浅く塩分濃度の低い海であったに違いない。そうでなかったとしても、大河川が注ぐ低地にはメダカの好む湿地帯が広がっていたことだろう。

かつて東シナ海に存在したかもしれない入江を臨む低地帯。そこがメダカの「故郷」なのだろうか。

一方、先の宇和氏は、南アジアから東アジアのメダカ属魚類が生息する水系をさかのぼっていくとすべて中国・雲南地方にたどり着くことに注目し、このあたりがメダカ属魚類のルーツかもしれないと示唆している。現在、雲南の高原部は染色体数四六のチュウゴクメダカの生息地であるという。

生態系を支える生物多様性

生物多様性とは、地球上あるいはその地域にたくさんの種が存在することはもちろん、それらの種が生息する生態系や環境の多様性、種内におけるさまざまな個体群の存在そして遺伝子の多様性をも含んだ概念である。

いくら多くの種類の動物がいるからといって、動物園や水族館が生物多様性に富んでいるとはいわない。そこには空間的・時間的に広がりのある環境も種間の関係性もなく、種内の変異もないからである。

生物が滅ぶスピードはいまかつてないほど速く、地域ごとに特色ある生息環境が破壊され、生息地が分断されている。生物多様性はいま急激に失われつつある。生物多様性の危機をもたらしているのは、言うまでもなく人間の活動である。

保全生物学の世界では、「生物の種を守る」というより、最近では「生物多様性を守る」という考え方が中心になってきた。なぜ生物多様性を守らなければならないのか。

これまで地球上にはたくさんの種が生まれ、また滅んできた。現在地球上に存在すると推定される種の数は、知られている（名前が付けられている）だけでもおよそ一五〇万、実際にはその数倍から数十倍が存在しているとさえ言われる。

生態系《エコシステム》は、そのような多種多様な生物間の複雑な相互作用によって成り立っている。生態系は、地球という惑星の上に何十億年もかけて築き上げられてきた、きわめてまれなシステムである。いうまでもなく人類も生態系の一員であり、生態系から恩恵を受けている。生態系の構成要素である生物種が失われていけば、その種が果たしていた役割が消え、やがて生態系そのものが崩壊する。生態系が人類に提供してきた、食糧生産・エネルギー・環境保全などといった機能が失われてしまうのである。

生物間の相互作用こそが、生物多様性をつくりだすもとである。食う―食われる関係、さまざまな寄生・共生関係、餌や生息場所を求めての競争、互いに利用し利用される植物と動物の間の複雑な関係、異性をめぐる争い、近縁種間での交雑……。このようにして新たな種が、さらに複雑な相互関係がつくりだされ、生態系は幾重にも織り上げられる。

私たち人類も、そのようにして生みだされてきた種の一つなのだ。

人間にとってなぜ生物多様性が必要なのかについては、いくつかの考え方があるが、その議論は往々にして人間中心主義に陥りかねない。ただ少なくとも生物多様性を人工的に生みだすことはいまのところできないし、おそらくこれからもできないに違いない。

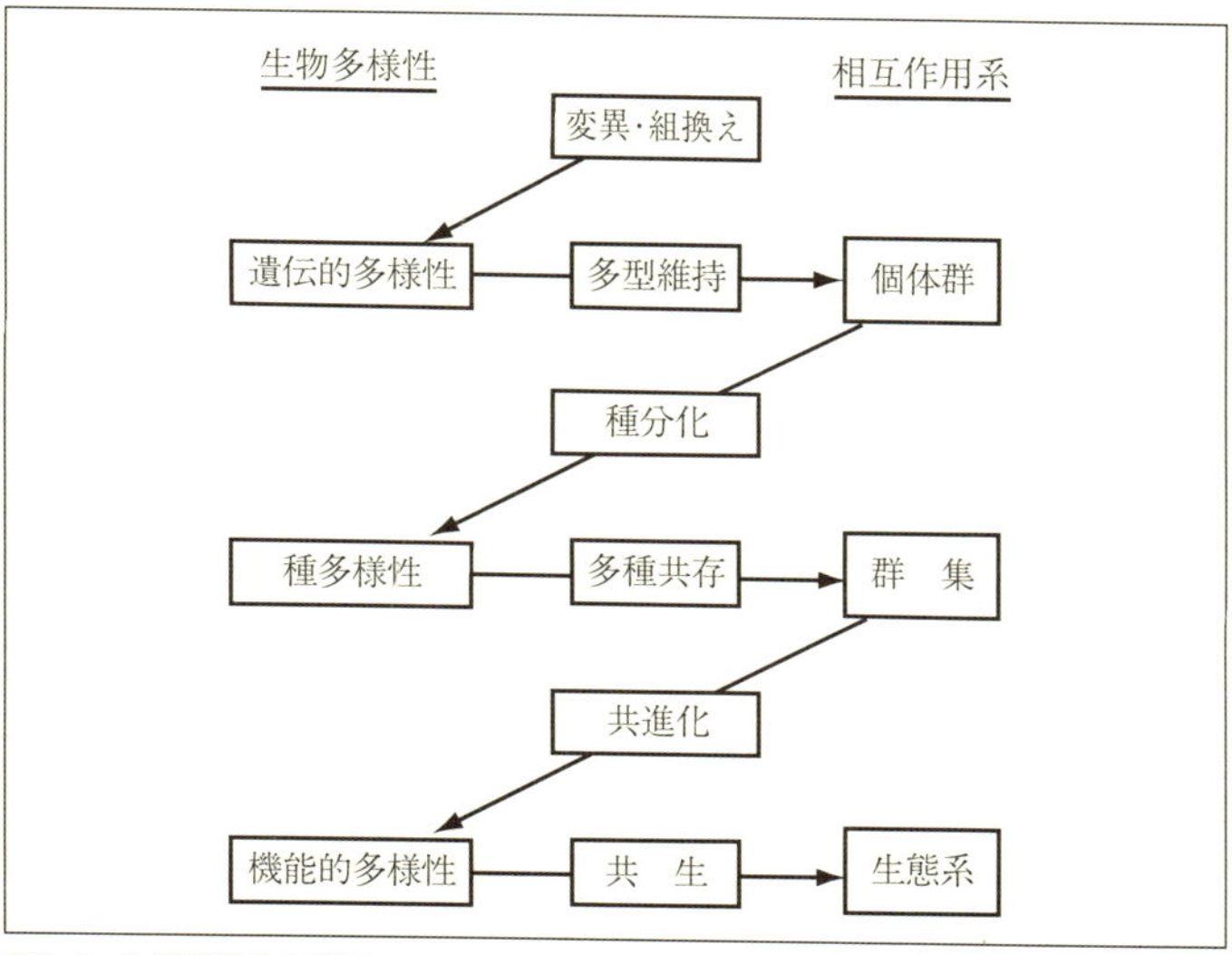

図2･6　生物多様性の階層
（東正彦：「生物間相互作用と生物多様性」、『岩波講座地球環境学5　生物多様性とその保全』（井上・和田編）、岩波書店、1998）

生物多様性をつくり出す力

生物に生じるさまざまな変異は、長い時間をかけて生物がその環境に適応してきた歴史でもある。突然変異によって生じた新しい遺伝子や、もともと持っていた遺伝子が、微妙な環境条件の変化によって優勢になったりあるいは消えていく。その結果、ある遺伝的まとまりを持った個体群を生む。

その違いは、魚で言えば、ひれの軟条数であったり、体色を決める色素胞の分布であったりするように、外見に現れることもあるし、そうでないこともある。温度に対する耐性の違いや産卵時期、特定の化学物質に対する反応、習性や行動など、外見からだけでは見分けられない差が生じていることもあるだろう。

種が分かれるというプロセスには、決まった時間があるわけではない。長い時間がたってもあまり変化しないものもあるし、地質学的時間で見ればごく短期間に多くの変異を生む場合もある。

個体群を分化させるプロセスの一つは、隔離である。同種内での交流の機会は、その生物の移動能力によって左右される。長く飛べるもの、長距離を移動しつつ繁殖するものは一般に種内での交流の機会が大きく隔離は起こりにくいが、移動能力が小さいものでは、交流の機会が小さくなり、偶然の要素による隔離が起こりやすい。地形や海面の変動が隔離に拍車をかける。山地・山脈の隆起や火山の噴火、海面上昇による陸地・河川の分断などによって交流が途絶えると、それぞれの生息地で独自の個体群が形成されていく（これを地理的変異という）。そのような隔離が長く続くことによって、それぞれの個体群間の差異がさらに大きくなり、別の種へと分かれていく。

この場合、交流を妨げていた要因が解かれ、分化したいくつかの個体群が再び出会うことによって、互いに分化が促進されることがある。もっとも差異がそれほど大きくないうちに出会えば、交雑が起こって同化してしまう。

一方同じ場所でさまざまな生息条件や餌などに適応した個体群が生じると、それぞれの間で異なるニッチ（生態的地位）を求めてすみわけが起こるようになり、種分化が急速に進むことも予想される（ただし、このような例はあまり知られていない）。

いずれにしろ、多様性を生むもととなるのは遺伝子である。遺伝子の多様性が同種内での多様な個体群を生み、それがやがて種の多様性を生みだす。多様な種間の関係性（相互作用）によって、地域地域に特色ある生物群集を育み、生態系が形成されていくのである（図2・6）。

地球規模の変動とメダカの個体群

他の生物と同じように、メダカの分布や地域個体群の形成には地殻変動と気候変動が大きく影響していることは間違いない。

氷河期には海面が下がるとともに、全体に降水量も減少したと考えられている。逆に温暖な時代には、降水量が増え、集中豪雨が起き、激流が土地を削ったであろう。メダカたちは、温暖な間氷期には河川下流域の低地にできた扇状地やデルタ地帯を縦横に流れる網状流のようなところに広がり、海面が低下した氷河期は取り残された湖のようなところで寒い時代を耐えたのではなかろうか。さて、有性生殖を行う生物にとって、種が異なるかどうかは子孫を残せるかどうかが重要な判断材料になる。これを生殖的隔離という。

たとえば、近縁種のオスとメスの間で繁殖行動が起こらなかったり、種間で繁殖期間がずれていれば、子孫を残すことができない。繁殖行動には至っても、受精がうまくいかない場合がある。このような場合を、接合体形成前隔離とよぶ。これに対して、受精に至っても受精卵が正常に育たない場合や、たとえ育ってもその個体が生殖能力を持たない場合を、接合体形成後隔離とよんでいる。メダカの場合には、その祖先は数百万年前にさかのぼり、遺伝的には十分に分化しているにもかかわらず、四集団の間で互いに繁殖可能であり、その子もまた生殖能力を持っている。つまり生殖隔離が起こっていないため、現在の種の定義では同じ種ということになるのである。

しかし、酒泉教授は、染色体数が違うチュウゴクメダカ以外にも、トウカンメダカ、キタニホンメダカ、ミナミニホンメダカという亜種名が与えられるべきだという。四集団間の差異は、外見に現れなくとも相当に大きいのである。

また、酒泉教授はメダカのミトコンドリアＤＮＡを分析し、メダカの日本への進出経路を図２・７のように推定している。

ミトコンドリアは、細胞質内にある呼吸をつかさどる小器官である。生殖細胞（精子・卵子）のうち細胞質を持つのは卵子だけなので、ミトコンドリアは常に母親からのみもたらされる。つまり両親のＤＮＡを半分ずつ受け継ぐ核遺伝子とは異なり、ミトコンドリアＤＮＡは母系を通じてのみ伝えられるのだ。

酒泉教授は、もともとメダカの四集団はすでに数百万年前に分岐していたと考えている。北日本集団と南日本集団は同じ時期に大陸から日本にやってきたグループの子孫であり、二つの集団が日本で分化した可能性もあるという。

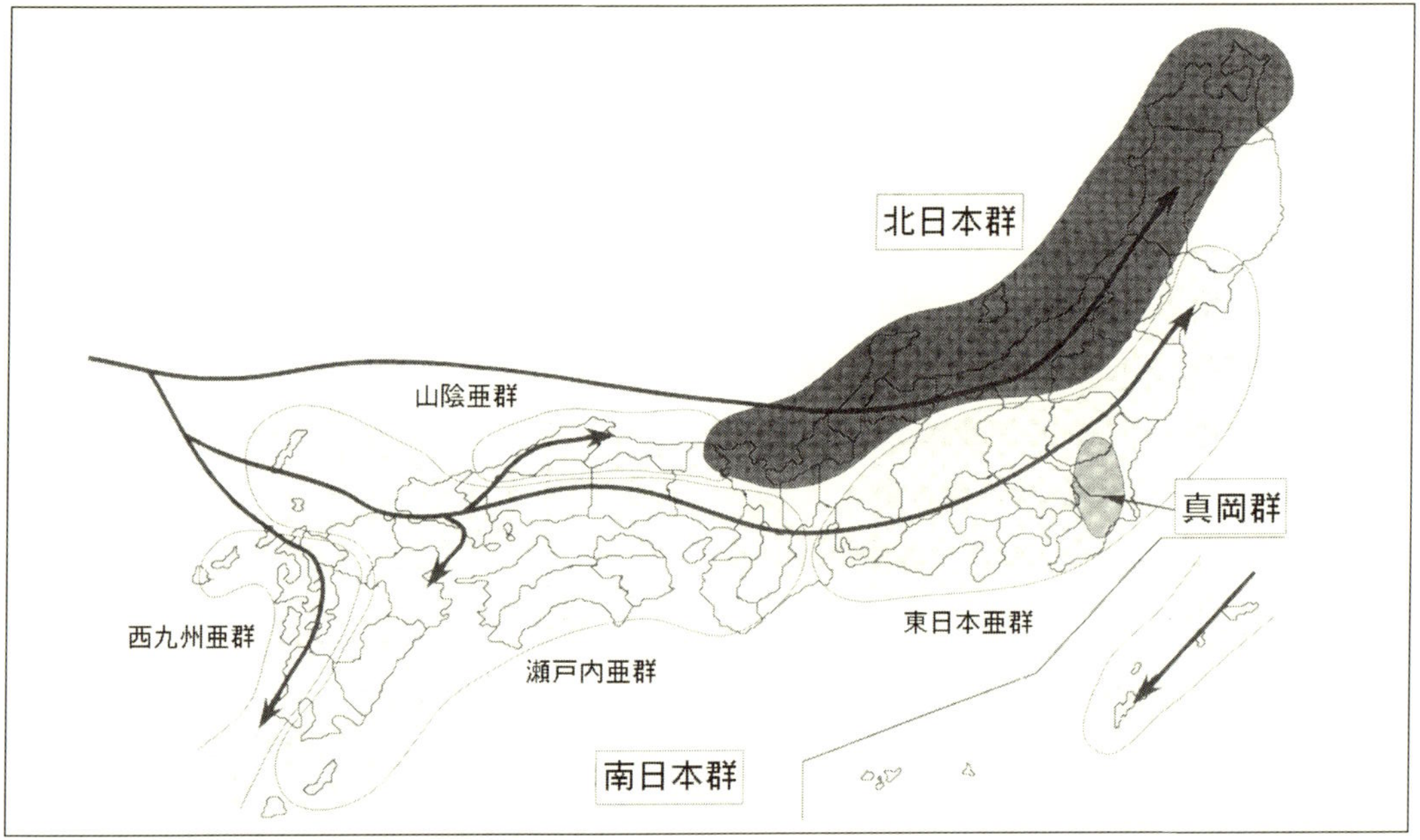

図2·7　ミトコンドリアDNAハプロタイプ群の分布と推定されるメダカ分布域の拡大経路
(酒泉満：「淡水魚地方個体群の遺伝的特性と系統保存」、『日本の希少淡水魚の現状と系統保存』(長田・細谷編)、緑書房、1997)

「真岡群」は、関東の一部に見られるミトコンドリアDNAのタイプで、古い遺存的なDNAの型だと考えられる。

考えられる一つのシナリオは、数百万年前に渡来した日本メダカの祖先が、北日本と東日本そして西日本それぞれで分化し、東日本のものはやがて西日本から来た集団（南日本集団）に飲み込まれてしまった。そして「真岡群」として、ミトコンドリアDNAにのみ、その痕跡が残っているというものである。

一方、数百万年前に渡来したメダカの祖先が、北日本集団と「真岡群」に分かれた後で、大陸で分化した別の集団が新たに日本列島に渡来し、南日本集団を形成して、やがて「真岡群」を飲み込んだ可能性も捨てきれない。その場合でも、南日本集団の渡来時期は、数十万年以上前にさかのぼるという。

南日本集団内の変異は、南北集団が分かれて以後の日本列島内での移動と隔離によって形づくられたと思われる。たとえば西瀬戸内タイプと東瀬戸内タイプの違いは、かつて瀬戸内海が陸化し東西に水系が分かれていた時代に形成されたものであろう。

これに対して、遺伝的にかなり均質であるという北日本集団のメダカは、一時的にどこかせまい場所に閉じ込められた後、比較的最近になって再び広がったのかもしれない。これをボトルネック（ビン首）効果と呼ぶ。ただし、もう少し細かく見ると北日本集団の中でもわずかな地域差が見られるので、簡単に結論づけるわけには行かないそうであるが。

メダカがどのように分布を広げ、地域個体群に分かれたか、いま正確にその道をたどることはむずかしい。しかし、そこには地殻変動や、氷河期と温暖期の海退・海進のくり返しによる地球規模での大きな動きが関わったことは間違いない。つまり、メダカの分布には、日本を含む東アジアの地形形成の歴史が反映していると言ってもよい。それは多かれ少なかれ他の動植物に同様に起こったことでもある。

メダカの分布は、自然界で起きる進化のありさまを、現在進行形で垣間見させてくれているのかもしれない。地質時代から現代までのメダカの広がりと隔離のドラマを見ていると、多様性に向かってひたすら変化し続ける自然のダイナミズムを感じるのである。

メダカの分布図をながめていると、疑問はいくつも湧いてくる。日本列島にメダカを送り込んだ大陸には、現在朝鮮半島東~南部に分布する染色体数四八の東韓集団（トウカンメダカ）と、染色体数四六のチュウゴクメダカが分布していることはすでに述べた。

メダカ属の染色体数は四八が基本数と考えられる。染色体どうしが融合して数が減る「動原体融合」と呼ばれる現象が、自然界でしばしば見られる。日本列島に染色体数四八のメダカを送り込んで以降、中国大陸部では動原体融合により染色体数が四六となった新しい集団が分化し、古い集団と置き換わりつつあると考えることができる（宇和紘：「稲とメダカ」、『川と湖と生き物』（林・宇和・沖野編著)、信濃毎日新聞社、一九九二)。東韓集団が、かつて東アジア全体に分布していた古いタイプの子孫である可能性はあるにしても、少なくとも黄河・長江流域はチュウゴクメダカに席巻されてしまったようだ。しかし、これほど広範囲にわたって、きれいに置き換わってしまうものだろうか。染色体数四八のメダカが、両河川の小さな支流のどこかにでも、ひっそりと生き残っているような気がしてならない。

もう一つの疑問は、メダカがこれほど長期間にわたって、別々の集団間で生殖隔離が起こっていない、つまり交配が可能な一つの種であり続けてきたことである。種が分化するのに要する時間は決まっているわけではないが、条件によってはたった一万年で母種から多くの種に分かれることもあると言われる。メダカは、ほぼ一世代が一年と短いにもかかわらず、人類がまだ遠い祖先の猿人の仲間であった時代から今日まで種分化しなかった。それはなぜなのだろうか。

逆に集団間での交流がなかったからこそ、別々の種に分かれなかったと見ることもできるかもしれない。

メダカをめぐるロマンは尽きない。

第3章

メダカを追いつめてきたもの

水田からメダカが消えた

一九九九年になり、エコロジカルウェッブのメダカ調査はリニューアルして二年目を迎えた。私のもとには前年から通算して二五〇件を超える報告が届いていた。寄せられた報告の中には、自然の喪失に心を痛める大人たちからのものが少なくなかった。メダカと戯れて育った世代が、メダカの激減にあらためて危機感を感じているようだった。

報告を分析してみると、いくつかのことが浮かび上がってきた。

生息地情報は、さがしにさがしてやっと見つけたというものが多かった。水田が開発によって失われたからだろうか？　もちろんそれもあるが、私が多摩川流域・荒川流域で見たように、水田があってもメダカがいないというのである。鹿児島県からは、広大な出水平野をさがし回って一カ所だけしかメダカの生息場所が見つからなかったという報告があった。新潟や山形の米どころでもほとんど限られた場所にしかいないという。他の地域でも似たり寄ったりの状況だった。

そのような厳しい状況の中でも、メダカが比較的よく生き残っている場所の一つの典型は、台地や丘陵から平野部に移行する山すその水田周辺であった。

もう一つ、主に九州や山陽地方から報告があったのは、干拓地の水田地帯である。

その中間の、かつてはメダカが尽きることがないと思われるほど群れ泳いでいた平地の水田地帯は、ほとんど壊滅状態であった。

前の二つの環境と、平地の水田地帯とではどこがどのように違うというのか。

私は、報告のあったいくつかの生息地を実際に訪れてみた。そして、そこにメダカが残っている理由、そして平地の水田地帯からメダカがいなくなった理由がわかってきた。

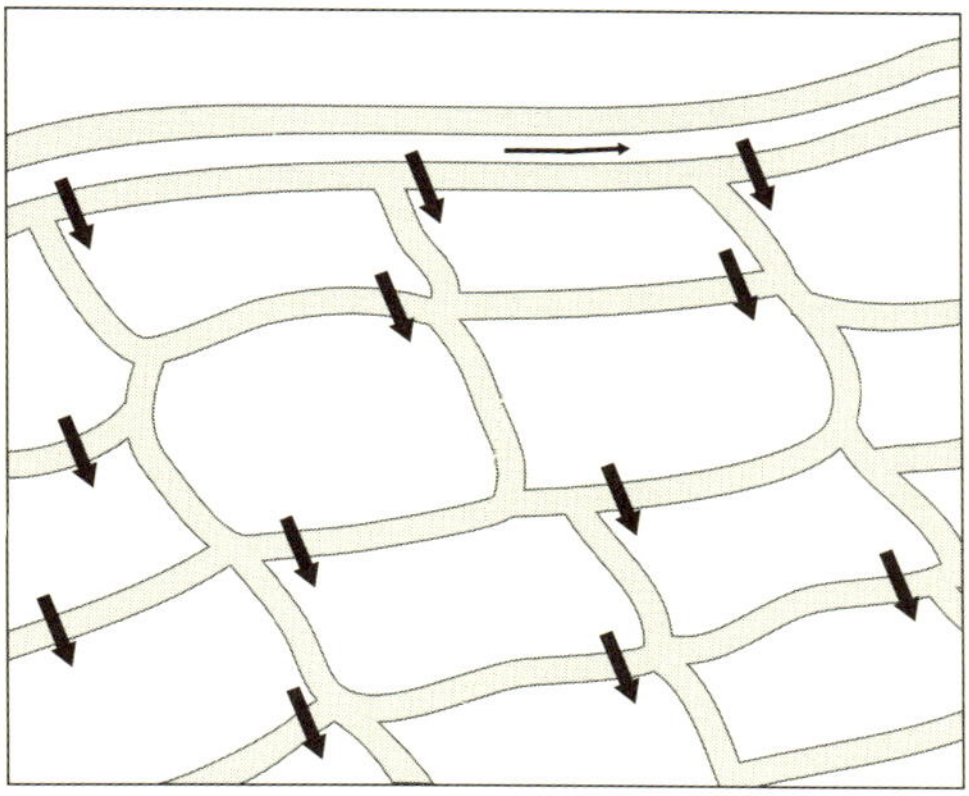
図3・1　田越し灌漑（掛け流し）

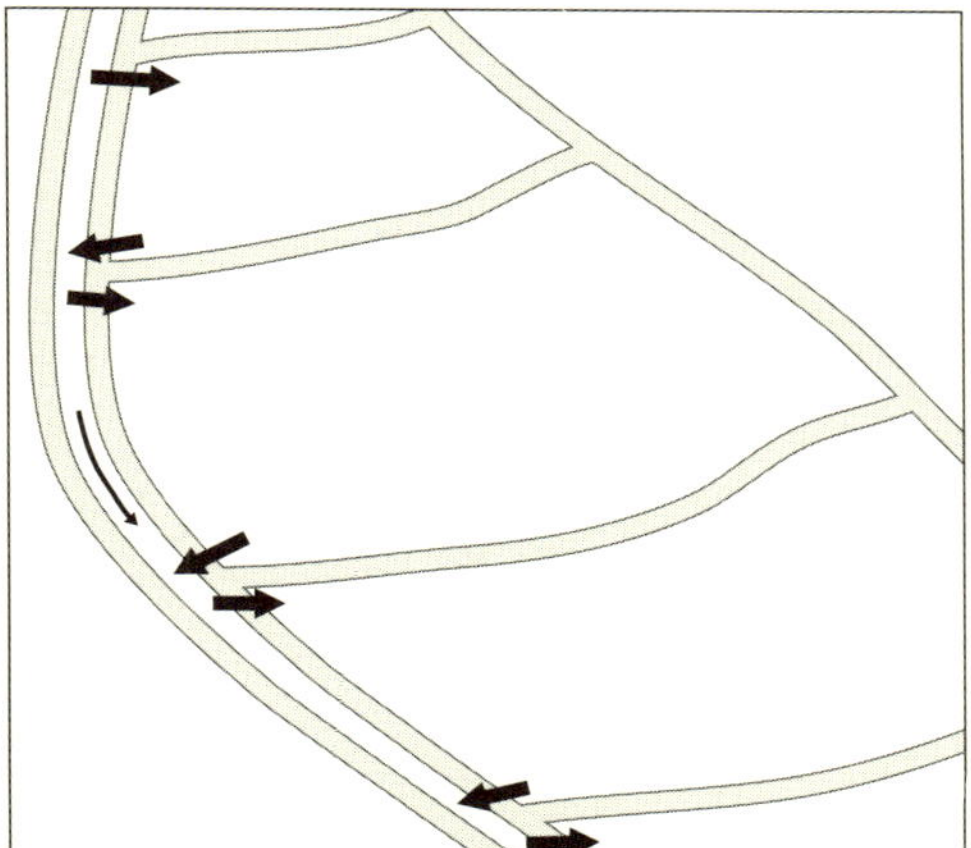
図3・2　用水路灌漑（用排兼用水路）

かつての水田地帯は水路も土のままの掘り上げで、水田と水路の段差もそれほどなかった。灌漑用水は湧水やため池を起源とし、上流から順に田に入れては、下流の水田でまた使うという方式だった。

この灌漑方式には大きく分けて二つある。一つは最上部の水田に導いた水を、そのままあぜ越しに次の田に順送りに入れて行き、下の田で水路に落とすもの（田越し灌漑、図3・1）で、もう一つは、脇の水路に小さな堰《せき》をつくって水を水田に入れ、下の方で水路に戻し、さらに直下の水田が使い、また水路に戻すという用水路灌漑である（用排兼用水路、図3・2）。水路が両側にあって片方を排水路専用として使う場合もある（用排分離水路）。

いずれの方式にしろ、自然な流れを利用する伝統的なやり方では水路の勾配や深さはそれほどない。水田と水路もほぼ同じ面にある。これなら水流はあまり速くなく、たとえ増水しても、岸辺には植物が生えているので流れはずいぶん緩やかになる。遊泳力の弱いメダカであっても、よどみで休みながら次の段をめざし、植生の間をたどれば短期間に容易に広がることができただろう。堰やあぜの段差も一〇センチメートル程度であれば、メダカは越えることができる。

またかつての水田や水路には、冬でもどこかに水があった。わき水や生活用水を流していたので、水量が減る時期にもある程度の流れがあり、水路の落ち合いや農道の橋の下のような場所には水たまりが残っていた。水がわずかでも残っていれば、メダカは泥や落ち葉の下に潜って生きのびるこ

写真3･1　パイプラインを通じた灌漑
除草の手間を省くため、あぜにもライニングが施されている

とができる。ほかにも多くの水生生物がこのような避難地で冬を耐え過ごした。水路の浅い水たまりの泥底を掘ると、越冬中のフナやドジョウが見つかった。かつてはこれも冬の味覚だったのである。

ところが、現在の水田地帯はすっかりようすが変わってしまった。灌漑には上流のダムや堰で貯水し、あるいはポンプでくみ上げた農業用水を延々と導き、必要な時だけ水田に水を入れる。それもコンクリート水路やパイプラインを通じてである（写真3・1）。そして、使われた水は埋められたパイプを通じて深く掘った排水路に落とされる。排水路が深い掘り割りなのは、水を完全に抜き、水田を乾かすためである。ぬかるんだ田では、コンバインやトラクターは使えないからだ。水田以外の用途への転作も容易になる。このような水

写真3･2　三面コンクリート張りの深い排水路

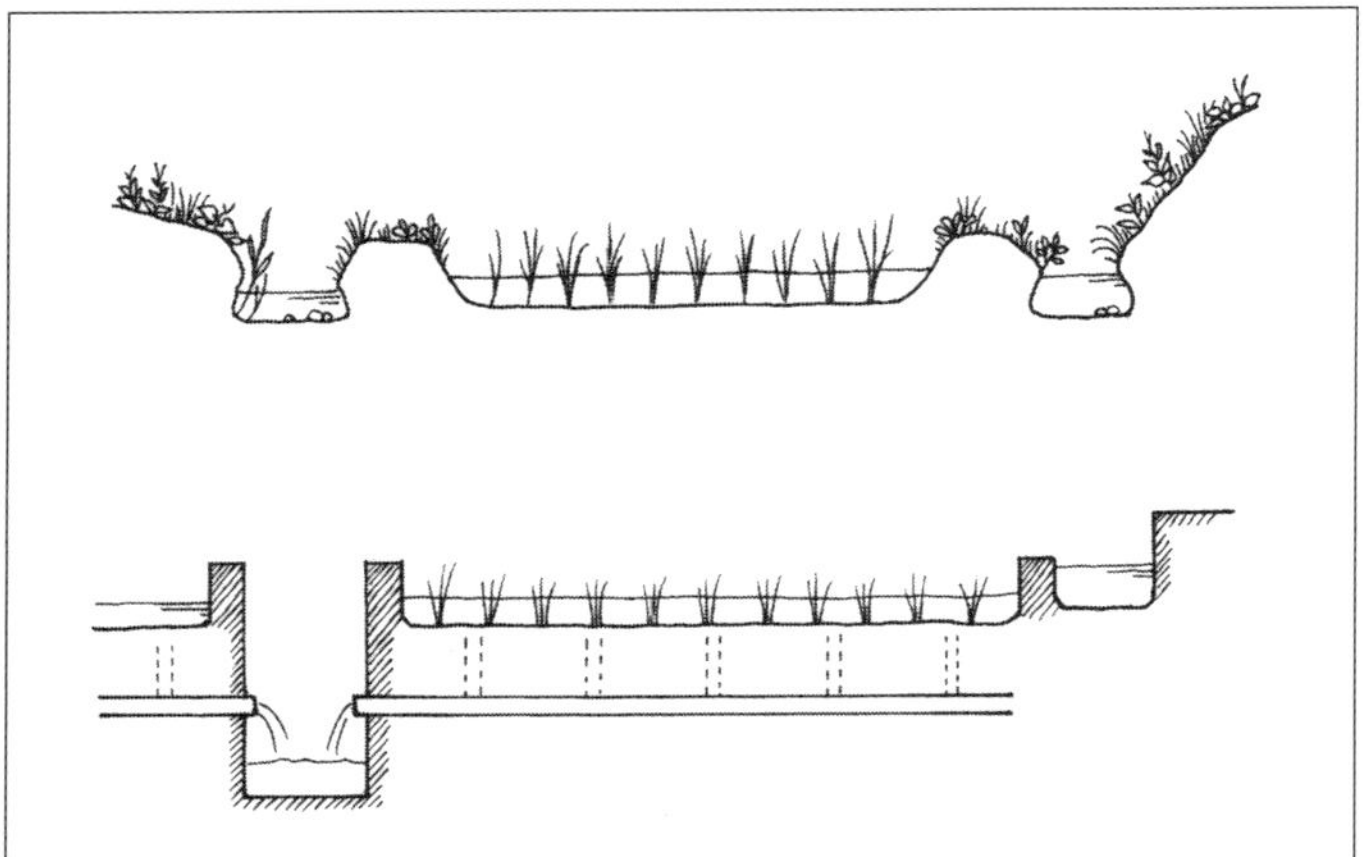

図3･3　かつての水田と現在の水田の構造の違い
かつての水田（上）では水田と水路の段差が少なく、魚が行き来できる。また、水路には植物が生える。下はコンクリート用水路と暗渠排水を組み合わせた現在の水田の構造。水のつながりを失っている

写真3・3　冬に水が全くない素掘りの水路

田では、稲刈り前に通水をやめると水田はカラカラに乾いてしまう。

こうした水田をメダカの生息環境としてみた場合はどうだろうか。灌漑用水は周辺の水系とのつながりを失っている。場所によっては分水嶺を越え、異なる水系からもたらされることもあるのだ。

用・排水路も三面コンクリート張りで、もはや植生豊かな小川ではない。水田で稲が育つ間だけは水があるが、それ以外の時期には、水田地帯に水がほとんどないのである。

さすがのメダカも冬に水が全くない状態では生きのびることはできない。加えて、前述したように、現在の水田は排水機能を高めるという目的から排水路との段差が大きいため、魚が繁殖のために水田に入ることができない（写真3・2、図3・3）。しかも、水路はまっすぐで水がある時期には流れが速く、卵を産みつけるのに必要な水草や藻も生えないのだ。

一方、土のままの掘り上げ水路でしかも水路と水田の段差は小さいのに、メダカどころか水生生物がほとんど見られない水田もある。実はこのような水田も、上流から農業用水を導いており、米を作らない時期には全く通水していないのだ。冬場には水路は乾ききってしまう。

私がはじめにメダカをさがして歩いた、あきる野市内の水路はこのタイプであった（写真3・3）。アマガエルのオタマジャクシばかり多かったのはそのためだ。このような水田では、生物は初夏から夏にかけてだけ水域を利用する種類に偏ってしまうのである。トンボも、せいぜいこの時期に南からわたってくるウスバキトンボが発生するぐらいだ。水路には、セリやクサヨシのような湿性の多年生・越年生植物がほとんど見られないのが特徴である。流域にメダカ生息地があれば流されてくることはあるかもしれないが、恒久的なメダカ生息地とはなり得ないのだ。

水田地帯にあって重要な水域であったため池からも、メダカが消えている。ため池は灌漑用に人工的に作られた貯水池である。降雨量が多いといっても、降る時と降らない時が分かれているのがモンスーン地帯である日本の気候だ。河川の水量も、渇水期には極端に少なくなる。そこで、ため池に雨水やわき水をため、必要な時に田に流していたのである。ため池にはメダカを捕食する敵も多いが、群れでくらし、ヨシや水草の間に逃げ込めば、なかなかつかまることはない。昔はボウフラよけのために、わざわざ下流からメダカをつれてきて放したこともあったようだ。

写真3・4　コンクリート排水路にメダカが生息する例
干拓地など海抜が低い地域の水田地帯では、排水路の傾斜が緩く、水が抜けにくい。ここでは底に泥がたまってヨシなどの水生植物が生えており、メダカが生息していた

だがいたるところに見られたため池も、農業用水の整備とともに、不要、危険、汚いと、埋め立てられ、消えていく運命である。残ったため池も管理しやすさからコンクリートで固められて、メダカには厳しい環境になってしまった。さらにゲームフィッシングのためにブラックバス（オオクチバス）が放されるにいたっては、ついに万事休した。

このように、現在の水田やそのまわりの水路では、メダカは生活史を全うできなくなっているのである。

山すそでメダカが生き残っている場所は、私が確認した限り、すべてわき水や生活用水などが通年流れ込んでいる水路・水田であった。わずかにコンクリートで固められずに残された掘り上げ水路が、メダカの避難地になっている。それも、たった数十メートルの間にしかメダカが生息していないという場所が少なくない。

一方、干拓地の場合は海抜が低いため、傾斜がとれず流れも緩やかになる。冬でも水路の水がなくならないところが残る。泥がたまりやすいため、コンクリート水路であってもヨシのような植物が生えるのだ。流れが速くなっても、ヨシの間に逃げ込めばメダカは流されずにすむのである（写真3・4）。

だが、ここでも段差が大きいため水路と水田とを行き来はできない。コンクリート水路の限られた場所で、メダカは細々とくらし、冬を越しているようである。

結局メダカたちは河川中・下流域の水田を追われ、流され流されて干拓地にたどり着いたように見える。

一方、まさかこんなところにというような場所にメダカが生息していることがある。

河川敷で土砂を採掘した後に残る大きな水たまりや、洪水防止のために河川の脇に設けられた遊水池（調整池）などに、メダカが生きているという情報が何件か寄せられているのだ。ただこれも一時的水域を利用するというメダカの習性を考えると、不思議ではない。砂を取ったあとの水たまりや調整池は、現代のささやかな後背湿地なのである。洪水時にそういう場所に入り込んで、しぶとく生きているメダカもいる。だがそのような場所は、人工的な環境であり、改修や洪水によって失われやすい心もとないすみかなのである。

ところで、このメダカの「しぶとさ」がまた別のやっかいな問題を引き起こしかねないことには、後ほどふれることにしよう。

ネットワークを断ち切る構造物

諫早湾潮受け堤防閉鎖後、ムツゴロウをはじめとする多くの生きものが、乾いた干潟の泥の中で息絶えたことはご存じの通りである。

写真3·5　干潟のムツゴロウ

干潟にはゴカイやアサリ、さまざまな微生物など、多くの分解者がくらしていて、陸域から流れてきた有機物を分解し、浄化する。栄養豊かな水はプランクトンや海藻を育てる。それらの動植物は、魚や鳥など多くの生きものの餌となる。干潟はマングローブ林やサンゴ礁などとともに、生物生産性が非常に高く、重要な海域なのである。日本の干潟はシベリアと熱帯地方やオーストラリアを行き来するシギやチドリの仲間の渡り鳥にとって、不可欠の中継地点ともなっている。

干潟は河川が運ぶ土砂によって湾奥・河口部に形成され、陸水と海水が入り混じる場所である。潮の満ち干で水位が変わるため、生物もそれに合わせて生活している。逆に言えば、そのような生物の営みがあって成り立っている環境なのだ。

たとえば砂泥中にすむアサリなどの二枚貝は、満潮時に水管を伸ばして水中のプランクトンや有機物を吸い取る。ムツゴロウは干潟の泥の中に巣穴を掘ってすみ、満ち潮の間はこの穴の中で過ごし、干潟が顔を出すと穴から出て泥についている珪藻を食べる。シギやチドリは、足の長さやくちばしの形状に合わせて、干潟にすむゴカイや貝、カニ、小魚などを食べ分けている。

潮受け堤防は、陸水と海水のつながりを遮断してしまった。もはや干潟の機能は失われ、内側にたまった水は腐り始めているという。浄化されないままの陸水がポンプで堤防の外に排出されれば、今度は海が汚染される。実際に漁業にも影響が出ている。

さらに、諫早干潟ではシギやチドリなどの干潟を餌場とする渡り鳥が激減したと報告されている。日本湿地ネットワークの調査によれば、水門閉鎖後、渡り鳥の渡来数はなんと以前の一〇〇分の一になったという。それは餌の量が激減したこと、つまり干潟の生きものが息絶えたことを意味している。干潟そのものが「死んだ」といってもいいだろう。

長良川の河口堰でも、同様のことが起きている。

問題は海と陸のつながりを断ち切ったことにあるといえるだろう。

生態系はつながりで成り立っている。食う―食われる関係、送粉―受粉、寄生や共生などの生物間相互のつながりはもちろん、別の視点から重要なのは環境のつながりである。

生きものが一生のうちに利用する環境は、たった一つというわけではない。トンボもホタルもカエルも、幼生時代は水の中で過ごす。採餌や繁殖、幼生の生育場所として、海水と淡水、水域と陸域、あるいは草原と森林など、二つかそれ以上の環境を利用する生きものは多い。それらの多様な環境が、豊かな生態系にとっては重要である。しかも、それらはただとなりあっていればいいというものではない。異なった環境間の移動が保証されなければならないのだ。

ウナギ、サケ、サツキマス、アユ……。多くの魚が海と川とを行き来している。一時的に河口などの汽水域を使う生きもの、上流から下流へあるいは本流から支流へと生息場所を変える生きものがいる。小川と水田を行き来する生きものがいる。

水系はまさに一つのネットワークであり、そのネットワークを利用して多くの生きものは生を育んできた。当然、かつての水田はそのネットワークの一部だったのだ。

だが、この二〇〜三〇年の間に、諫早湾の潮受け堤防と同じ切り立った構造物が、日本中の小川や水田にもつくられていたのだ。ムツゴロウに起こったことは、ずっと以前からメダカにも起こっていたのである。

水田から消えゆく生きものたち

自然には緩やかな勾配があり、ふつう直線的・階段状に変化することはあまりない。そして性格の異なる二つの環境が出会う部分には、両者の緩衝地帯ともいうべき環境（移行帯＝エコトーン）が成立する。季節も突然に春から夏に変わることがないように、自然は空間的にも時間的にも緩やかな勾配をもっているのである。

たとえば水辺のエコトーンは、水中と陸上の両方の環境を必要とする生物の移動を保証している。しかもエコトーンには、生物の種類も数も多いことがわかっている。

このエコトーンによって環境間のつながりは成り立っている。エコトーンを失いつながりを遮断された時、つながりを利用できなくなった生きものに残されているのは緩慢な死だ。メダカもドジョウもフナも、深いコンクリートの掘り割りを乗り越えて水田に入ることはできなくなった。後で詳しく検証するが、水田地帯

写真3・6　トノサマガエル

からメダカが姿を消しただけでなく、河川本流からフナやナマズなどの魚が少なくなったのも、水田を産卵場所として使うことができなくなったことが一因だと考えられる。

つながりの大切さ。このことを水田地帯の別の生きものに起こった変化を見ることで考えてみたい。かつて初夏の水田地帯に響いたカエルの合唱は、ケロロ・ケロロと鳴くトノサマガエル（関東から新潟平野・東北南部にかけては、よく似たトウキョウダルマガエルが生息している）のものだった。しかし、今水田地帯で聞かれる鳴き声は、ゲッゲッゲッ……というアマガエルのものに席巻されつつある。トノサマガエルはなぜ消えたのだろうか。これにも水路の直線化・コンクリート化が関係していたのだ。

トノサマガエルは水辺からあまり離れずに暮らすカエルである。水かきが発達し泳ぎが達者なトノサマガエルは、水辺の草むらにいて餌を採り、外敵が近づくと水に飛び込む。ひと飛びで水に飛び込める場所が、彼らの安心できる生息場所である。トノサマガエルにとっては、植生のある岸辺とあまり流れの速くない小川や水田・池などが、まとまってあることが必要である。

ところが、彼らはジャンプ力はそこそこあっても、深い掘り割りの排水路を飛び越えることはできないのである。コンクリートの排水路に落ちたトノサマガエルは、まずここを脱出できない。水が多ければ流されるし、水がなければそこでひからびることになるだろう。

これに対してアマガエルは、繁殖期以外は水辺を離れて林や人家のまわりで過ごす。樹上生活をするアマガエルの足には吸盤がある。コンクリート水路の高い垂直な壁も、アマガエルにとっては必ずしも障壁ではない。

トノサマガエルもアマガエルも産卵は初夏、主に水田で行われる。ほぼ同じ時期水田で産卵し、オタマジャクシで過ごすこの二種のカエルにとって、水田環境の変化が大きな結果の違いをもたらしたといえる。

トノサマガエルは産卵のために水田を使うことができなくなった。一方のアマガエルにとっては、同時期に水田を使う競争者がいなくなったのである。初夏の水田はアマガエルの天下となったのだ。冬眠の場所も、この二種類のカエルの明暗を分けた。トノサマガエルは、水田やあぜのやわらかく湿った土の中に、深くもぐりこんで冬眠する。乾燥して固く締まった現在の冬の水田の土には、トノサマガエルはもぐることができない。これに対してアマガエルは、林の落ち葉の下や、人家の庭石、植木鉢の下などで冬を越すのだ。

かつて水田まわりに普通に見られたツチガエルも、トノサマガエルと同様に激減している。ツチガエルの場合、深いコンクリート水路の障壁に加え、オタマジャクシで冬を越すことから、冬場に水路に水がなくなると生息できなくなるのである。逆にツチガエルがまだ見られるところなら、メダカも生き残っている可能性がある。

一方、乾田化と農業用水の整備は、アカガエル類の産卵場所も奪った。早春に産卵するアカガエル類（本州・四国・九州ではニホンアカガエルが平地から丘陵地帯に、ヤマアカガエルが丘陵地帯から山地にかけて生息）にとって、冬にも水たまりが残る湿田やそのまわりの浅い水路はたいへん都合のよい産卵場所だったのだ。

カエル類は日本の農村的環境においては食物連鎖の中位に位置する捕食者であり、水田においては害虫を食べてくれる有益な生物と見られてきた。アマガエルの成体は水田にとどまらず、人家の周辺や林に移動してしまう。トノサマガエルがいなくなれば、水田周辺での害虫駆除効果は低下してしまうだろう。

写真3・7　ニホンアカガエル

　サシバ、ノスリなどタカの仲間やサギ類などの野鳥、タヌキやイタチ、さらにヘビ類がカエルを重要な食物として利用している（とくにヤマカガシとシマヘビ、ヒバカリはカエルが食性の中心）。ヘビはまたタカの餌になる。また、オタマジャクシは多くの水生昆虫の餌となる。カエルは、周辺の樹林地を含めた農村生態系の中で、とりわけ重要な存在といえるのではないだろうか。少なくともカエルがその生活史を全うできる環境が整っていなければ、カエルに続く生態系は成立しないか、非常に脆弱なものになってしまう。

一方、メダカは水田生態系の中で、藻やミジンコなどのプランクトンを食べる一次～二次の捕食者という位置にある。メダカを食べるものはタイコウチ、ミズカマキリ、ゲンゴロウ類、トンボの幼虫であるヤゴなど、おもに水田や水路にすむ水生昆虫だ。これらの水生昆虫はカエルや野鳥に捕食されるという関係にある。

このように水田の周辺では、食物連鎖は複雑にからまり合いながら成立している。フナやドジョウも、サギ類やコウノトリなど比較的大型の野鳥の餌として重要である。そればかりでなく、多くの動植物が複雑な種間関係を通じて水田生態系を支えてきた。しかし、その生態系を支える要素が、遮断によって水田地帯から消えようとしている。その結果、その生きものに連なる生きものが消えていく。あるいはそのことによって特定の生きものが増えすぎて、他の生きものを圧迫することもあるだろう。こうなれば、生態系は一歩一歩崩壊への道を歩むしかない。

環境間のつながりの遮断は、生物間のつながりの遮断をもたらした。こうして平地の水田生態系は、かつてと比ぶべくもないほど貧しくなってしまったのである。

現在の水田地帯の用・排水路のあり方は、都市における上水・下水道の構造と基本的に変わらない。また排水路の姿は、雨水を流し去る機能しか持たないコンクリート三面張りの都市河川とそっくりである。その意味で水田は都市化したのだともいえるかもしれない。生きものの種類が減り、適応力の強い特定の生きものだけがはびこるところも同じである。

「土地改良事業」がもたらしたもの

いつごろから、どのようにして、水田生態系は貧しくなってしまったのだろうか。そこに水田形態の改変が、大きく影響していることは間違いない。その水田形態を大きく変えてきたのが、戦後の「土地改良事業」である。

土地改良事業は、区画整理を伴う圃場整備事業や灌漑排水事業、用排水路の整備、農地開発など、農地、農村におけるさまざまな整備事業の総称であって、土地改良法に基づき実施される。法的には土地改良事業だが、事業名称として現在は「農業農村整備事業」と呼ばれている。当初予算で毎年一兆円を超え、補正予算を加えると一兆五〇〇〇億円にも上る国費を費やす公共事業である。

土地改良事業は、戦後の食糧増産の掛け声の下では「食糧増産対策事業」と呼ばれていた。その後、一九六一年に農業基本法が制定されるのに伴い「農業基盤整備事業」と名を変え、さらに九二年から現在の「農業農村整備事業」になった（図3・4）。事業名称の下に示されているのは、その時代背景である。

水田稲作が日本に定着し、古代国家が生まれて以来、日本の政治は米の生産力によって左右されてきたといえる。新田を開発し、灌漑用水を整備して、生産力を高め、米を増産することが、この国において為政者の最大の課題であり、関心事であったといっても過言ではないだろう。

生産力を高めるための水田整備は古代から行われてきた。それが地主制度の下で、一反《たん》(一〇アール)の長方形水田が整然と並ぶ耕地整理(現在は区画整理と呼んでいる)が行われるようになったのは、明治以降である。戦後になって、農地解放が実施され、数多くの自作農家が誕生した。農地解放がほぼ完了した一九四九年に土地改良法が制定され、関係農業者三分の二以上の参加(同意)をもって土地改良区を作り、農民自らが圃場整備事業の実施や用排水などの施設管理を行う形に改められたのである。

戦後の食糧難の時代は、ともかく食糧の増産が焦眉の急であった。農地を開発し、排水不良の湿田を改良して乾田化し、生産量を高める事業が展開された。しかし、日本が経済復興を成し遂げ高度成長時代へ突き進むに連れ、農家とそれ以外の従業者間の所得格差が広がり、農村から都市や工業地帯へと大量の労働力流出が起こったのだ。

一九六一年に制定された「農業基本法」の大きなねらいは、農業所得の向上による「農業の自立」であった。農業所得を上げるためには、水田作業の効率を上げ、労働生産性を高める必要があった。そこで、六三年に「圃場整備事業」が発足する。小区画・不整形で、用水路と排水路が兼用だったそれまでの水田を、用水路と排水路を分離し大面積で農業機械の使用に合った形に整えることが必

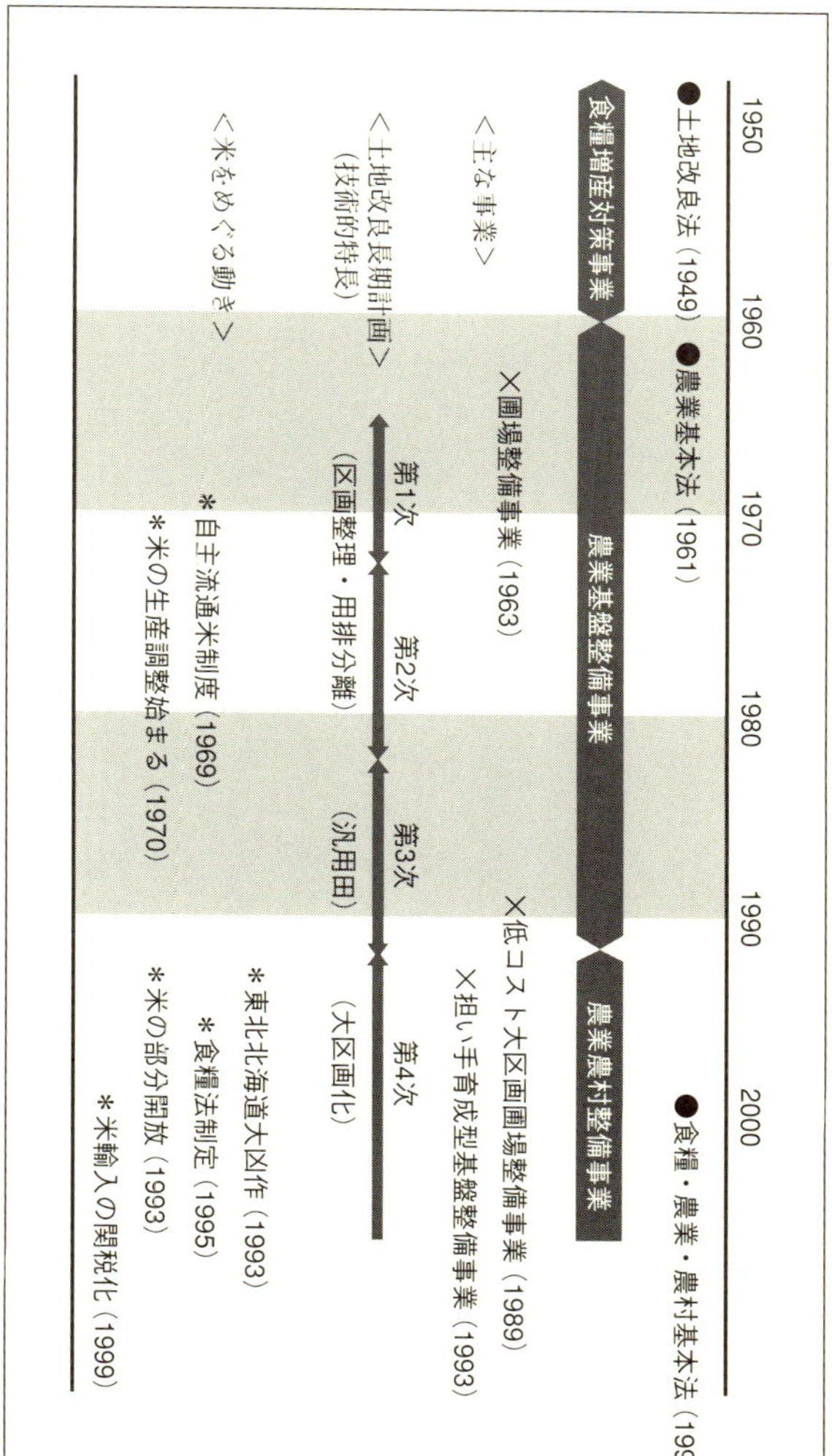

図3･4　戦後の農政・土地改良事業の流れ
農業白書・全国土地改良事業連合会パンフレットなどを参考に作成

要だったのである。これが今日まで続く水田改変の流れをつくった。

しかし用水路と排水路が分離されたとはいえ、この時点ではまだ排水路の多くは土のままで、水田との段差もそれほど大きくはなかった。そのため圃場整備後にはまた生きものが戻ってきたところも多い。

ところが、オイルショックを経て、水田を多用途に用いられるようにと、「汎用耕地化」(「汎用田」)という考え方が出てくる。これは米の裏作に麦などを作ったり、米以外の作物への転作を進めたりすることによって、米の生産調整を行うとともに、他の穀類の自給率を高めようとするものであった。当時は、米の収量が上がる反面、その消費量は年々低下し、政府は大量の過剰米在庫をかかえるようになっていた。七〇年には、減反による生産調整を行わざるを得なくなった。その一方で、麦や大豆など米以外の穀物自給率は極端に落ち込んでいたからである。

汎用耕地化のためには排水性を高める必要がある。水田が大型化するとどうしても田面に凹凸が生じやすく、そこに水がたまるので、機械化に都合が悪い。そこで、水田に集水管を埋める「暗渠排水」が推奨された。暗渠排水には深い排水路が必要になる。深い排水路では管理に手間がかかるので、コンクリートの三面ライニングが一般化した。同じころに用水路のパイプライン化も進められた。そのほうが水管理が楽なうえ、水路分の土地を有効に使えるためだ。しかも水路がない分、機械の運行も行いやすいのである。

このようにして七〇年代後半から八〇年代にかけて、全国の水田が地域の水系とのつながりを失っていった。それと歩調を合わせて、水田地帯から生きものが消えていったのだ。

このように土地改良事業（圃場整備事業）とは、大型機械の導入によって水田作業を効率化し、さらに多用途に供することを目的に、純粋に生産設備（装置）として水田を再編することだったといえよう。その思想の下で、すでにみたように水田を規格化し、広くまっすぐな農道を設け、水田を乾田化し、水管理、水路管理の手間を省くために水路のコンクリート化・パイプライン化が進められた。全国一律の技術指針の下に、このような水田地帯の大改変が日本中で行われてきたのである。

一九九七年度には、水田の圃場整備率は五五・二%に達した。広い平野部の水田地帯はほぼ全国で整備が終わり、残るのは比較的条件の悪い中山間地と呼ばれる地域だ。

圃場整備事業をはじめとする土地改良事業は、実に複雑な体系になっており、部外者にはその全貌を理解することは困難なほどだ。そこに農業土木のプロフェッショナル（コンサルタント）が活躍する場が生まれる。

事業にあたっては、受益者負担の原則で農家も費用を負担しなければならないのだが、国や地方自治体の補助と組み合わせて、現在では農家の負担率は一割程度まで抑えられている。それでも、事業費は一〇アール当たり一〇〇万円以上かかるので、まとまった農地を持つ農家であれば、その負担は少なくない。資金は全額農林漁業金融公庫を通じて低利融資されるとはいえ、投資に見合う

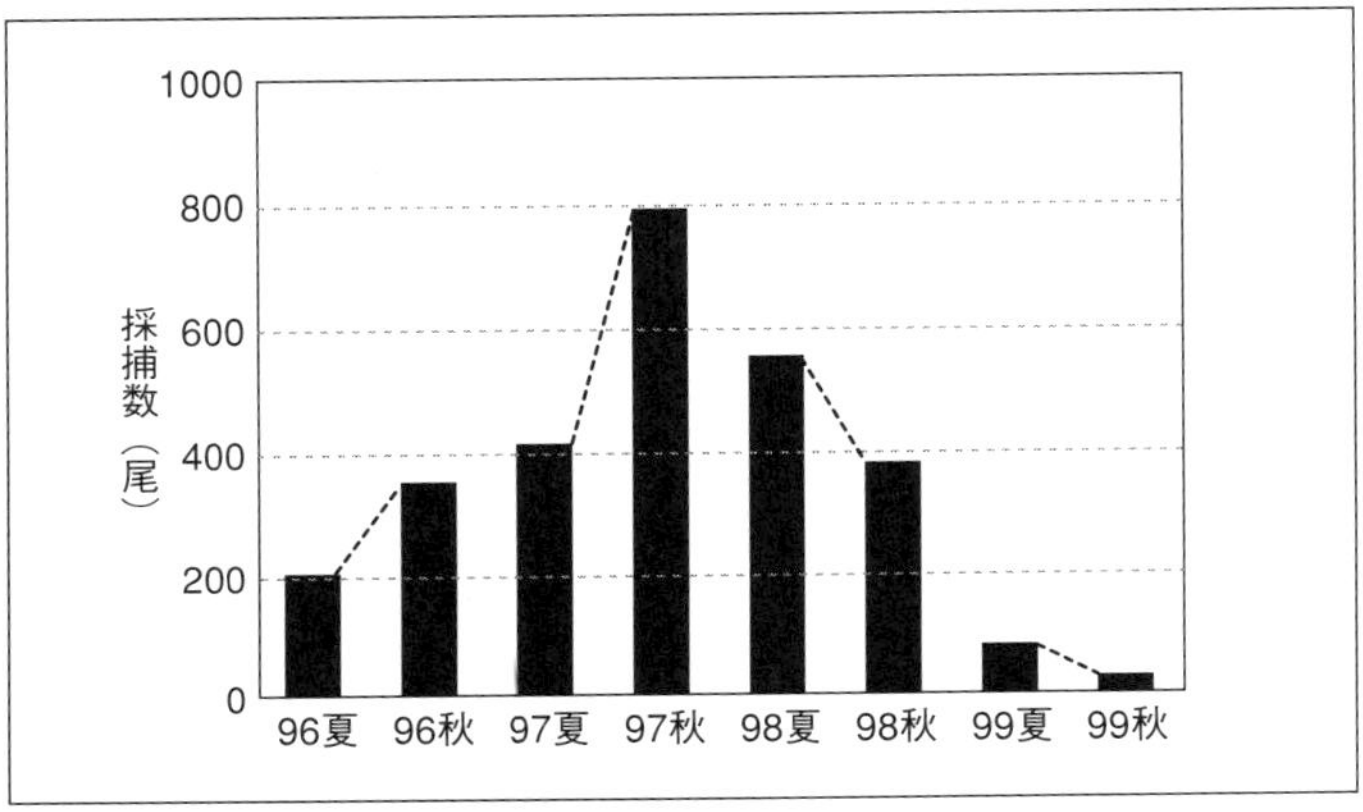

図3·5　圃場整備前後におけるドジョウ採捕数の変化
（水谷正一：「ドジョウの水田への遡上」、『せせらぎ 17号』、（社）農村環境整備センター、2000）

だけの見返りがあると考える農家はそれほど多くはないのだ。そこで、道路建設や河川改修など他の公共事業と組み合わせ、そこに土地の一部を提供することで金銭負担を実質ゼロにするようなやり方も行われている。ここには、「何が何でも」土地改良事業を進めようという関係者の姿勢を感じる。いくら食糧の生産基盤を整えるためとはいえ、ここまでするものかと思うほどだ。

現代の圃場整備の現場は、まるで工業団地かニュータウンの造成現場のように見える。ブルドーザーやパワーショベルがうなりをあげ、土をならし掘り返す。

圃場整備事業の前と後で、野生生物にはどのような変化があるのだろうか。

既述したように、ドジョウは水田に入り込み産卵する習性がある。かつてはメダカとともにドジョウも、水田周辺ではいくらでもいるあたりまえの魚であった。

宇都宮大学農学部の水谷正一教授らが、栃木県内で水田におけるドジョウの生息状況を調べた研究がある。栃木県の谷川《やがわ》周辺の水田地帯では、九五年から大区画圃場整備事業が導入され、九九年四月に完了した。事業の進行と並行して水谷教授らは谷川と水田を結ぶ小水路にトラップを仕掛けて、採れるドジョウの数を調べた。見せていただいたそのデータに、私は愕然とした（図3・5）。

ドジョウは冬場には谷川や水田のまわりの小水路で過ごしている。それが水田に水が張られる時期になると、水田に遡上し、産卵する。水田ではその年生まれた稚魚とともに、前年生まれの未成魚も遡上して生長するという。九六年、九七年のデータで、秋にドジョウがふえるのは、水田で育ったドジョウが小水路に逃れてくるためである。ところが図で見るように九八年は逆に秋に減少し、採れたものに当歳魚（その年に生まれたもの）が少なくなった。さらに、圃場整備事業が完了した九九年には、ドジョウの数自体が壊滅的に減ってしまった。ドジョウが水田に入りこめなくなり、次世代を育てる場所を失ってしまったことが原因である。細かく張りめぐらされていた小水路自体もほとんどが埋められ、コンクリートの排水路に変わったため、ドジョウは水田地帯を利用することができなくなってしまったのだ。もちろん、これはドジョウだけに起こったことではない。圃場整備が実施されることで、淡水魚のゆりかごとしての水田の機能が失われることは明らかである。

圃場整備の影響はそればかりではない。何より、今そこに生息する動植物が、工事にあたってかえりみられることはほとんどない。大型の重機が表土をはがし、土をならす。工事に不都合なので、工事が始まる前には水路の水は止められてしまう。生きものたちはひとたまりもなく、日干しになり埋め立てられる。このような「大量殺戮」が平然と行われてきたのだ。

圃場整備後の水田では、植物も変わってしまう。水田やあぜに生える在来の植物が消え、セイタカアワダチソウやヒメジョオン、ウシハコベなどの帰化植物が中心になるというのだ（大窪久美子：「田んぼをめぐる植物たち」、『生物の科学　遺伝』、一九九九年四月号、裳華房）。いってみれば埋立地のような植生になるのである。

きれいごとばかりいうつもりはない。私自身も父親を手伝い、水田で働いた経験を持っているので、作業のつらさを多少はわかっているつもりだ。農業用水の整備と機械化によって、農民が重労働から解放され、収穫も増えたことは間違いないのだ。かつての水田農業は、多くの労働力を投入してかろうじて維持された。日の出から日没まで、泥深い田で繰り返される過酷な作業。田植えの時期も天候次第。あげく日照りが何日も続けば水が切れる。収穫は安定せず、農村は貧困に苦しんだ。戦後の高度成長の恩恵も、農村には行き渡らなかった。都市や工業地帯との収入の差が、多くの農村から労働力を引き剥がしていったのだ。

農作業の負担を軽減することと同時に農業収入を高めること、つまり農業の生産性の向上が農業政策の大きな柱になったことは理解できる。しかし、結果だけを見れば、農作業の負担は確かに軽減されたが、農業の生産性が上がったとはいいにくい。土地改良事業によって、単位労働時間当たりの生産性（労働生産性）と単位面積当たりの生産性（土地生産性＝反収）は向上した。しかし大型機械と大量の肥料・農薬を必要とする農業となり、農業経営上のバランスシートはむしろ悪化してしまったのではないか。

結局多くの農家は農地を手元に置いたまま、農業以外に主たる収入の道を求め、農業を片手間に行う第二種兼業農家となった。農地を集積して生産性とともに収益を高めようというもくろみはうまくいかなかった。このままいけば確実に農地の担い手はさらに減っていく。毎年ばく大な金を投入して整備されてきた水田も、このままでは宝の持ち腐れである。零細な土地改良区では、高齢化と組合員の不足で水路の管理もままならなくなるだろう。

そのような危機感から、九三年度に打ち出されたのが「担い手育成」のための圃場整備である。担い手の育成とは、農地の大規模化と集団化によって経営規模の拡大をめざすものだ。要するに、これからは意欲と経営能力がある農家や農業生産法人に耕作をまかせなさい、ということである。そのためには圃場整備が不可欠だという論理だ。

土地改良事業は、農村地帯の雇用対策という側面ももっている。工事は地域の土木建設業者に発注され、そこに農家自身が雇われる構図である。実際に他の公共事業に比べ農業土木分野は中小企業への発注率が高く、労務費の割合も高いのだという。しかし、他の公共事業同様、地域経済が土地改良事業に依存する体質になると、なかなかそこから抜け出すことは難しい。

土地改良事業を管轄してきたのが、農林水産省構造改善局である。そして、歴代の構造改善局次長（キャリア技術官僚のトップポスト）のうちいく人かは、順繰りに全国土地改良事業連合（土地改良区の全国組織）や自民党系政治団体である全国土地改良政治連盟の要職に就き、自民党の比例区参議院議員に転身している。全国の土地改良区は、選挙の前になると、候補者の比例区順位を上げるため、党員名簿集めの組織として使われるとも言われている。また、全国土地改良政治連盟には農業土木系のコンサルタント企業が参加している。もちろん、参議院議員にならなかった局次長経験者にも、関連団体の役員ポストが用意されている。土地改良事業をめぐって、このような構造が成立してきたことも付け加えておきたい。

九九年には、農業基本法に代わって「食糧・農業・農村基本法」（以下、新基本法）が新たに制定された。新基本法に基づき、農水省は二〇〇一年に再編されることになった。これに伴い構造改善局は廃止されるが、新たに設けられることになった農村振興局が、構造改善局に代わって、農村地域の公共事業を一手に扱うことになる。

ちなみに、新基本法の四つの柱は、①食糧の安定供給の確保、②農業の多面的機能の発揮、③農業の持続的な発展、④農村の振興、である。ここにいたってようやくではあるが、自然環境の保全や自然循環といった概念が農地、農村の整備に関わる法律の中に持ち込まれるようになったことは喜ばしい。しかし、その具体的な中身はまだ見えてこない。圃場整備事業の技術指針は、まだ旧基本法の考えを引きずったままである。新しい工法が研究され普及するのを待つ間にも、多くの生物が埋め立てられ追い立てられる。時間はあまり残されていない。

農薬が奪う未来

農薬の空中散布が行われるようになったのは、一九五〇年代の終わりごろからである。病虫害対策は一斉散布が効果的だとされ、ヘリコプターを使った散布が行われるようになったのである。

私が小学生のころ（六〇年代）は、農薬空中散布の直後に、水路や川に大量の魚が浮かんだのを覚えている。小魚はいうに及ばず、大きなコイやライギョまでもが腹を見せて死んでいた。このころから、水田地帯は子どもが近寄ってはいけない場所になった。子どもたちが水田のまわりから遠ざけられる直接の原因となったのが、空中散布をはじめとする水田への農薬の大量投入だった。

水田における農薬空中散布面積の推移を、図3・6に示す。七一年に散布面積が減るのは、この年農薬取締法が全面改正されているからで、後述するように、それまで使用されてきた有機塩素系などの毒性の強い農薬が、販売禁止になったことが影響している。この年を境に農薬の世代交代があったのだ。

東北地方に新潟を加えた米どころの散布面積の数値を見ると、七〇年代後半にはこの地域だけで

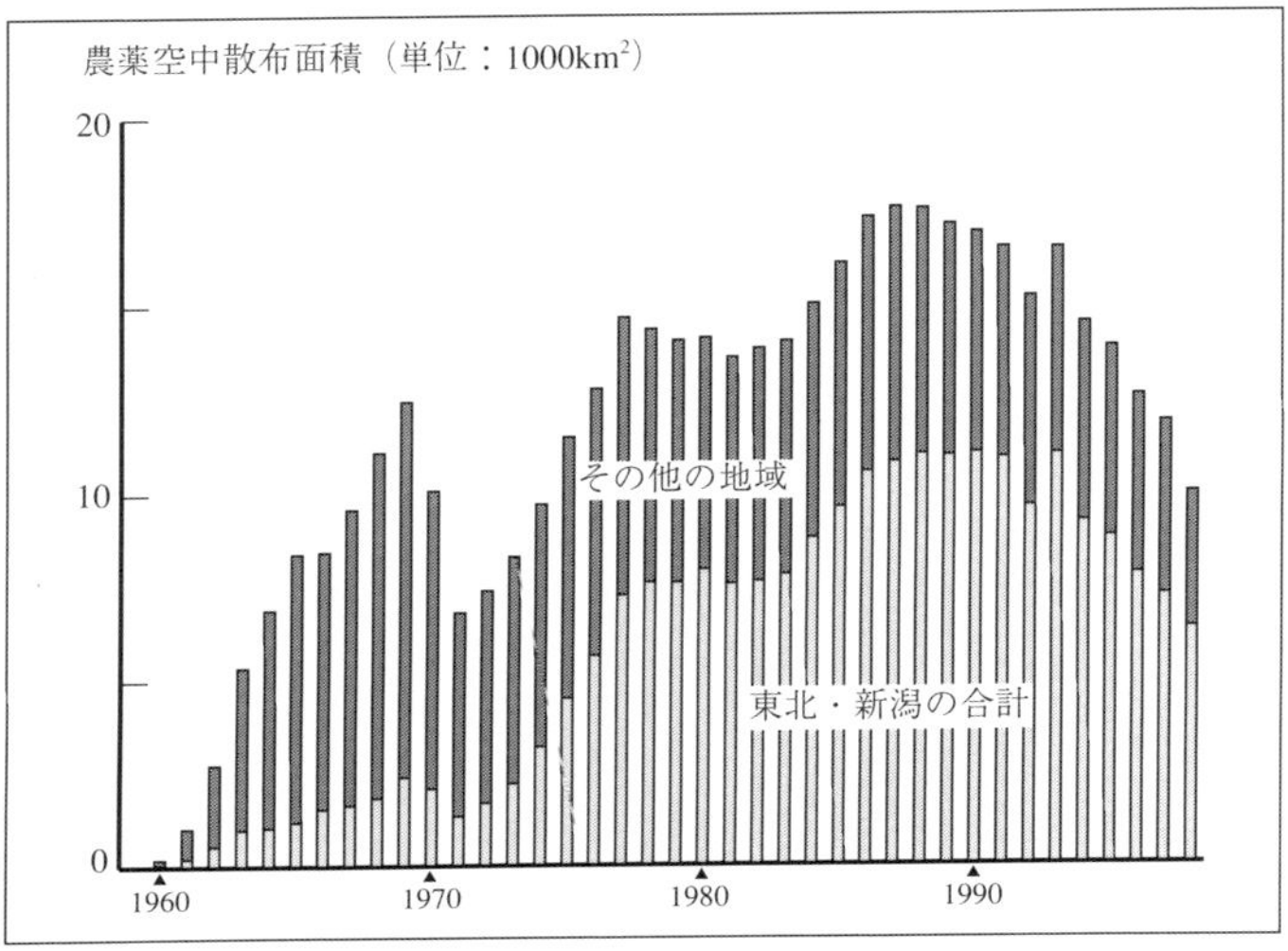

図3·6　水田への農薬空中散布面積の推移
（『農薬要覧』（日本植物防疫協会）各年度版より作成）

全国の五割を超えるようになり、八〇年代半ば以後は六割以上の数字を維持している。東北・新潟を除くと、全国的にはすでに七〇年代後半から散布面積は頭打ちになっているのだ。

八〇年代後半をピークに、ようやく農薬空中散布面積は減少に向かう。これは水田そのものの面積が減少したことに加え、水田地帯に住宅地が混在して、空中散布のような防除方法がとりにくくなってきたためであろう。とくに大都市周辺では、空中散布は現在ほとんど行われていない。一方、東北地方・新潟県の比率が高まったのは、コシヒカリやササニシキ、あきたこまちなど、病虫害に弱い少数のブランド米の単一栽培になったことと無関係ではあるまい。

一九九〇年の一年間に日本の国土に投入された農薬の量は、一平方キロメートル当たり一・八トンにも及ぶという（OECD編：『OECDレポート・日本の環境政策』、中央法規出版、一九九四）。日本を加えた同年のOECD加盟国平均が〇・三トンであるから、先進国中ずば抜けて高い数字である。案の定というべきか、日本は世界に冠たる農薬大国なのである。

写真3・8　イナゴ（コバネイナゴ）

日本の農業に本格的に農薬が使われるようになったのは、戦後のことである。『沈黙の春』（レーチェル・カーソン）で生物に与える影響が告発された有機塩素剤のDDTは、アメリカ軍によって占領下の日本にもたらされ、衛生昆虫の駆除のために大量に用いられた。一九四八年にはDDTが国産化され、日本の農薬工業の歴史が始まった。水田では、ウンカやニカメイチュウの防除のためにやはり有機塩素系の殺虫剤BHCが主に使用された。やがてDDTもBHCも、その残留毒性が大きな問題になった。

有機塩素系の次に登場したのが、有機リン系の殺虫剤である。パラチオン（メチルパラチオン）は人や家畜に対する毒性が強く、皮膚から吸収されやすいため、しばしば農薬事故を起こした。次にマラチオンやダイアジノン、MEPなどがパラチオンに代わって用いられるようになった。殺虫剤のもう一つのグループがカーバメート系で、水田ではNAC（カルバリル）がよく用いられている。

殺虫剤は、害虫であると益虫であるとを問わず、多くの昆虫類を駆除してしまった。ところが、農薬を使い続けていると、代を重ねるに連れてその農薬に耐性を持った個体が現れてくることが知られている。それで、さらに毒性を強めなければならなくなる。害虫と人との、そのような際限のない競争が繰り広げられることになる。

益虫と呼ばれる昆虫やクモは、害虫であるウンカやガなどを捕食してくれる。このようなわかりやすい関係だけでなく、害虫に卵を産みつけ幼虫の餌とする寄生バチのような天敵もいる。一般に、食う方は食われる方より数が少なく、繁殖力も弱い。農薬によって益虫だけが滅び、その一方で害虫の方はしたたかに生き残っているという構図もないわけではなかろう。

ゲンゴロウやタガメやタイコウチなどの水生昆虫が水田から消え、稲を食害する一方、重要なタンパク源でもあったイナゴが珍しくなり、ヘイケボタルもすっかり姿を見なくなった。最近になって、ようやく一部の水田ではイナゴが復活しているが、星をまき散らしたような、ヘイケボタルが一面に群れ光る水田には、もうめったにお目にかかることはできない。

稲作に被害を与えるのは、ウンカやニカメイチュウのような害虫ばかりではない。水田で使用される農薬には、殺虫剤のほかに、いもち病予防に用いられる殺菌剤と、除草剤がある。

いもち病はカビの一種である糸状菌が原因で、日照が少なく低温の夏に発生する。一九九三年の東北日本における大凶作をもたらしたのは、冷害とそれに付随して発生したいもち病だった。

いもち病には、当初フェニル水銀などの有機水銀剤が使用された。しかしその後、イネに有機水銀が残留していることがわかった。当時は水俣病が大きな社会問題となりつつあり、その原因物質がチッソ水俣工場から垂れ流されたメチル水銀と究明され、有機水銀剤もその毒性を疑われるようになった。一九六七年に有機水銀系の殺菌剤が使用を禁止され、その後は有機塩素剤フラサイド、有機リン剤のＩＢＰ、抗生物質のカスガマイシンなどの農薬が、いもち病対策に用いられてきた。

一方、ヒエやコナギ、オモダカ、サンカクイのような水田雑草は取り除かないとイネの生長に悪影響があるため、その除草作業は農家にとって大きな負担であった。除草剤の登場は二重の意味で歓迎されたのである。

水田除草剤の代表的なものが、ＰＣＰ（ペンタクロロフェノール）やＣＮＰ（クロルニトロフェン）である（現在はいずれも農薬登録を失効）。ＰＣＰは主に一九六〇年代、ＣＮＰは七〇〜八〇年代に使用され、それ以前には2・4Ｄ（2・4ＰＡ）が使用されていた。これらはいずれも有機塩素系の物質であり、ＰＣＰは毒性が強く死亡事故もあり、水田周辺や下流で魚の大量へい死をもたらした。Ｐ

CPは七〇年代にはいると水田ではほとんど使用されなくなったが、木材防腐剤やシロアリ駆除剤としては、比較的最近まで使われていた。

2・4Dは悪名高い2・4・5Tとともに、ベトナム戦争で使われた枯葉剤（オレンジ剤）に配合されていたことが知られており、不純物としてやはりダイオキシン類を含んでいるおそれが指摘されている（2・4Dは現在でも使用されている）。

除草剤の効用についてよく持ち出されるのは、作業時間の劇的な低減である。除草剤登場以前の一九四九年における水田での除草作業時間は、一〇アール当たり五〇・六時間、これが一九九二年にはたった二・〇時間に減ったという（農薬工業会資料）。その効用を否定するつもりはないが、除草剤以外の防除方法をとることもできたはずである。

水田除草剤が欠かせなくなったのは、田植機の普及と切り離せないという説もある。田植機では丈の低い幼苗を植え付ける。当然浅水管理となり、田面に日光がよく当たるため雑草の生長が旺盛になるというのである。

DDTやBHCは残留毒性が問題になり、パラチオンも中毒事故が相次ぎ、いずれも一九七一年に販売が禁止された。しかし、これらの毒性の強い農薬が使われなくなってからも、さまざまな農薬が水田に投入され続けた。そして、しだいに目に見えない作用が明らかになってきた。以前から不純物としてダイオキシン類が含まれているといわれ、水田地帯で多発する胆嚢ガンの原因ではな

ＨＢＣ	殺菌剤、有機合成原料	日本では未登録
ＰＣＰ	除草剤、防腐剤、殺菌剤	1990年農薬登録失効
2･4･5Ｔ	除草剤	75年失効、枯葉剤
2･4Ｄ	除草剤	農薬登録
アミトロール	除草剤、樹脂の硬化剤	75年失効
アトラジン	除草剤	農薬登録
アラクロール	除草剤	農薬登録
シマジン	除草剤	農薬登録
ヘキサクロロシクロヘキサン(BHC)	殺虫剤	71年失効
エチルパラチオン	殺虫剤	72年失効
ＮＡＣ	殺虫剤	農薬登録
クロルデン	殺虫剤、防蟻剤	68年失効
オキシクロルデン		クロルデンの代謝物
trans-ノナクロル	殺虫剤	未登録
1･2-ジブロモ-3-クロロプロパン	殺虫剤	80年失効
ＤＤＴ	殺虫剤	71年失効・販売禁止
ＤＤＥ、ＤＤＤ	殺虫剤	ＤＤＴの代謝物、未登録
ケルセン	殺ダニ剤	農薬登録
アルドリン	殺虫剤	75年失効
エンドリン	殺虫剤	75年失効
ディルドリン	殺虫剤	75年失効
エンドスルファン	殺虫剤	
ヘプタクロル	殺虫剤	75年失効
ヘプタクロルエポキサイド		ヘプタクロルの代謝物
マラチオン	殺虫剤	農薬登録
メソミル	殺虫剤	農薬登録
メトキシクロル	殺虫剤	60年失効
マイレックス	殺虫剤	未登録
ニトロフェン	除草剤	82年失効
トキサフェン	殺虫剤	未登録
アルディカーブ	殺虫剤	未登録
ベノミル	殺菌剤	農薬登録
キーポン	殺虫剤	未登録
マンゼブ	殺菌剤	農薬登録
マンネブ	殺菌剤	農薬登録
メチラム	殺菌剤	75年失効
メトリブジン	除草剤	農薬登録
シペルメトリン	殺虫剤	農薬登録
エスフェンバレレート	殺虫剤	農薬登録
フェンバレレート	殺虫剤	農薬登録
ペルメトリン	殺虫剤	農薬登録
ビンクロゾリン	殺菌剤	98年失効
ジネブ	殺菌剤	農薬登録
ジラム	殺菌剤	農薬登録

表3･1　内分泌攪乱作用を疑われる農薬および農薬由来の物質
(『環境ホルモン戦略計画 SPEED '98』(環境庁、1998) ほかを参考に作成)

いかと指摘されていたCNP（一九九四年に使用が禁止された）だったが、やはりダイオキシン類が混じっていたことを、メーカーと農水省は九九年七月になってようやく認めた。

恐ろしい話はそれだけではなかった。六〇年代を中心に大量使用され、その直接毒性の強さから九〇年に農薬登録が失効したPCP由来のダイオキシンが、いまも水田に大量に蓄積されており、下流に流れ出している可能性の高いことが、横浜国立大学の益永茂樹教授らの研究で明らかになったのである（益永茂樹：「日本の環境中ダイオキシンは何に由来しているか」、『月刊水情報』一九巻一二号、一九九九）。

また、九九年暮れ、同じ横浜国立大学の浦野紘平教授らのグループが、水田でよく用いられる殺虫剤のNACに、低濃度でもメダカの正常な孵化を妨げる効果があると発表した。当然ほかの魚にも同様に作用するだろうし、魚以外の生きものにも影響があるだろう。

実は、農薬には環境ホルモン作用（内分泌攪乱作用）を疑われるものがたくさんあるのである（表3・1）。考えてみれば、殺虫剤や除草剤は神経伝達作用やホルモン作用を阻害して効果を発揮するものが多いのだから、当然のことだともいえる。

農薬の使用時期は、生物の繁殖時期と重なる。しかも集中的に使用されれば、一時的にはかなり高濃度に汚染されるおそれが強い。しかし、実際にどのような影響が生物に出ているのか、ほとんどわかっていない。

農薬の安全性試験は、動物を使った直接毒性試験や分解性をみる残留毒性試験が中心である。環境ホルモンのようにごく微量で生殖に影響を与えたり、遺伝子を傷つけたりする化学物質の研究はまだ端緒についたばかりで、これから途方もない人工化学物質の検証が待っている。ここにあげた例はたまたま明らかになったものだけで、ほかにも多くの農薬が環境ホルモン作用や遺伝毒性を持っていることは容易に想像される。

メダカどころか、人類の未来を奪いかねない汚染は、いったいいつまで続くのだろうか。

トキそして私たちの運命

再びトキのことにふれる。トキの絶滅は、明治時代以後の乱獲が直接の原因と考えられている。トキの営巣場所が開発によって失われたからだとも言われている。しかし、私はもう一つ重要な視点があると思う。

トキは水田で採餌する鳥であった。主な餌はドジョウやフナ、タニシ、カエルなど、水田周辺に生息する小動物や魚である。微小なプランクトンから始まる水田生態系は、小魚を養い、昆虫を養い、鳥や獣を養った。トキはその頂点にいた。

しかし、そのバランスが崩れると生態系の上位にいるものは脆い。餌となる生きものが減れば、それを食べるものは飢える。水田周辺から生きものが少なくなれば、そこに依存する捕食者は十分に餌をとることができない。もはや水田生態系というピラミッドの土台がくずれてしまったのである（逆に生態系上位の捕食者が乱獲によって失われることで、生態系のバランスが崩れ崩壊するケースもある。しかし水田では農地の改変や農薬・化学肥料の使用がほとんど全ての階層に同時に影響を与えたため、トキをめぐってそのようなことが起きたかは検証できそうもない）。メダカが激減したこととトキの絶滅は、決して無関係ではない。

最終的にトキを追いつめたのは、やはり農薬ではないだろうか。水田に大量投与された農薬によって、餌となる小動物や魚がへい死したと同時に、生態系の上位にあるトキは、食物連鎖を通じて農薬由来のさまざまな物質を体内にため込むことになったはずだ。その直接毒性によって死亡するだけでなく、環境ホルモン作用によって種の勢いが弱められていったことは容易に想像できる。たとえばＤＤＴは、鳥類の産卵数の減少や孵化率の低下、卵の殻が薄くなるなど、その繁殖に影響を与えると言われるからである。それ以外にも、投入され続けたさまざまな化学物質が、水田をめぐる生物に影を落としていることは間違いない。

トキと同様の食性を持つ鳥に、コウノトリやチュウサギがいる。コウノトリもすでに野外では姿を消してしまった野生絶滅種だ。チュウサギもいま急激に数が減っていると言われている。前述したサシバやノスリのように、水田で餌をとるタカの仲間も水田から姿を消しつつある。水田から餌となる生物がいなくなったという理由以外に、野鳥の生存に根本から影響を与えるような事態が進行しているのでなければいいのだが。

これらの鳥よりも何よりも、生態系の頂点に立っているのは人間なのである。水田にまかれた化学物質は、地域の水系に流れ出し、さらに河口部や内湾にたまっていく。飲み水を通じて、あるいは沿岸でとれた魚介類を通じて、人間自身に戻ってくるのである。それがエコロジーのおきてなのだ。人間が生物である以上、そこから逃れることはできない。

乱開発とゴミに埋まる

メダカの生息地として残された山すその水田。しかし、そこは耕作条件が悪く放棄されやすい。管理の手を離れた水田は植物におおわれ次第に陸化し、水路は埋まっていく。水辺を利用する生物は、すみかや産卵の場を失ってしまう。私が訪れた生息地でも、休耕田や耕作放棄が目立った。一方、干拓地も減反政策の中で転用され埋め立てられる危険が迫っている。

一九八〇年代半ばから後半へ、バブル経済は加熱しつつあった。日本中が土地や株の高騰に浮き足立ち、都会ではわずかな土地に途方もない値段が付けられ、土地長者が続出した。バブルは当然地方にも及び、開発の噂だけで原野が何倍もの価格にはね上がった。

極めつけは、八七年に制定された「リゾート法（総合保養地整備法）」だった。この法律ができたおかげで、これまでほとんど開発の対象にならなかったような、都市部から遠く離れた中山間地や海辺の湿地までが、その標的にされたのだ。リゾート法の適用を受けた「リゾート地域」は、全国で四二カ所。その総面積はなんと国土の一八%にも及んだのである。さらにとんでもないことは、リゾート地域であれば農地の転用も、国有林や保安林の伐採も、さらに自然公園の開発までも、条件が緩和されたことだ。

そのような場所にも、メダカが生き残っていたところがあったはずである。エコロジカルウェッブにも、宮崎県の有名なリゾート施設のそばにメダカが生息していたという報告があった。狂乱の中で森林がなぎ倒され、表土が引き剥がされ、湿地や水田が埋め立てられて、ゴルフ場やリゾートホテルがつくられた。そこに多くの野生生物がくらしていたことを、ブームに踊った人々は考えもしなかったことだろう。

一方でこのころ「日本の農業は過保護だ」と「日本農業不要論」が、経済界を中心に展開されていた。日本の貿易黒字は増え続ける一方で、経済摩擦の矢面に立つ輸出メーカーのトップが、外国との産業すみ分け論を展開し、「生産性の低い農業はアジアにまかせるべきだ」と主張した。また有名な経済評論家が、堂々と「農業をやめて食糧は全部輸入したほうが、日本の経済にとってプラスだ」と論じた。マスコミもその論調に踊った。

地道な努力によって日本の食糧生産を支えてきた多くの農家にとっては、こうした攻撃は耐え難いことだっただろう。農業に見切りをつけつつあった農家にとっては、リゾートブームや巨大開発は渡りに船となったかもしれない。

やがてバブルははじけ、そのつけを支払う時がやってきた。バブル経済をあおり、そのあげく焦げ付いた金融機関の不良債権処理に巨額の公的資金が投入された。その額と比較して、果たして本当に農業は過保護だったのか、私は答えるだけの資料を持ち合わせていない。ただあの時代になぜ農業が攻撃の対象になったのかはぼんやりとわかる。そして、リゾートブームの中で手放され、結局不良資産化した多くの水田・湿地はいま、人手も入らず荒れ果てるばかりである。バブルの狂想曲は、農地だけでなく、地域の環境保全と食糧生産をになってきた、農家の人々の心をも荒廃させたに違いない。

リゾートブームが去っても開発の動きが止まったわけではない。

近畿地方の海辺の町で見た光景である。山地が海の間近に迫るこの地方では、内湾で波が静かなこともあり海岸まで水田が切り開かれている。しかし、ほとんどはすでに見たような直線的な水路に変わり、メダカが生息できるような状況ではなかった。

ところが、海辺の岸壁の内側にわずかに残った休耕田に、無数のメダカが生きていたのだ。しかし、その脇には別荘地に隣接して大規模な公園が建設中であり、駐車場にするためにその休耕田の埋め立てが進んでいた。メダカが生息する休耕田も、いつ埋め立てられてもおかしくない状況だった。

関東地方のある都市では、サッカー競技場建設で埋められる予定の休耕田にメダカが群れているという。後で詳しく述べるが、ほかにも多くのメダカ生息地が、開発の脅威にさらされている。一方で、廃棄物の最終処分場や不法な投棄によって、谷間の湿地が消えていく。水田地帯でも、虫食い状に資材置き場という名の廃棄物処分場が出現している。

享楽と浪費の果てに、私たちは身近な自然を、野生生物を追いつめてきた。しかし、追いつめられているのは、ほんとうは私たち自身ではないのか。浮利を求めて生産基盤を失ったつけは、いつか返さなければならないはずである。

分断と孤立の先に

梅雨末期に見られる集中豪雨や台風がもたらす増水で、メダカが水田地帯から下流の河川に、場合によってはさらに海まで流されることは決して珍しくなかったはずである。洪水になるほどでなくても、少々まとまった雨が降れば、小さなメダカが水田や水路からあふれた水とともに河川へと流れ出ることはあったはずだ。

自然な河川であれば、時として大きく蛇行し、早瀬もあればよどみもある。短く集水域もそれほど広くない日本の河川では、増水も短期間でおさまる。支流同士が落ち合うような場所では流れが緩やかになる。そこからまたメダカは上流をめざす。

メダカは海水でも生きられるので、海まで流されたとしても再び川をさかのぼることが可能であ

図3·7　縮小されたメダカ生息域──「面」から寸断された「点」へ
上：かつてのメダカ生息状況。濃い網点部分は水田地帯でありメダカの生息地。かつては、水系全体（薄い網点部分）が面としてメダカの生息と交流を保証していた
下：「点」となった現在の生息状況。山すそにわずかに生息地が残されている。一方低地でも条件が整えば、メダカが生息する場所がある。しかし、ネットワークが遮断されているので、それぞれの生息地間の連絡はもはや途絶えている

る。同じ湾内に注ぐ川であれば、流された先から別の河川をさかのぼることもあり得る。こうして、同じ水系、同じ湾内に注ぐ河川間で、メダカは交流することができただろう。増水はメダカの出会いの機会でもあったに違いない。このような交流によって、地域個体群の遺伝的なまとまりが形成されてきたのだと考えられる。

河川は、メダカが恒久的に生息する場所とはいえないが、水系を通じてメダカの交流を保証していたという見方もできる。生物の側から見れば、洪水もまた必要な自然現象の一つなのである。洪水があることを前提に適応してきた歴史があるからだ。

つまり、メダカにとっては現在の生息地だけが重要なのではない。流されることもまた、健全な地域個体群を維持していく上で不可欠だったのである。メダカをはじめとする生物は、本来そのようなネットワークの中で生きのびているものなのだ。

ところが、すでに見てきたように、私たちはこの数十年の間にメダカの生息できる環境をどんどん奪ってきた。その結果、今やその生息地は「面」から一部の水系だけという「線」へ、さらにその中でも条件のよい限られた場所にだけしか生息できない「点」へと、追いつめてしまった(図3・7)。

そのわずかな生息地からも、メダカは流され河川を下る。ところが流された個体が、元の生息地や別の生息地に戻ることは、現在ではほとんど不可能である。河川もまたコンクリートで固められ、堰やダムで区切られ、直線的で段差が大きくなってしまっているからだ。いまやメダカたちは水系をさかのぼりたどり着いた先で、わずかなわき水やたまり水に運命をゆだねながら、代を重ねるしかない。メダカの地域個体群は分断され、いくつかの小集団が孤立して細々と生き残っているというのが現状だ。それぞれの生息地がいつ失われるかわからないという危険性や、干上がったり病気によってあっけなく滅んでしまうかもしれない危険性があることに加え、孤立にはいくつも落とし穴がある。

まず集団があまりに小さくなってしまうと、遺伝子の多様性が次第に低下することが予想される。集団の中に多様な遺伝子（形質）が保たれていれば、高温や低温、餌となる生物の変化、化学物質の影響など、環境の変動に出会った場合にも、生き延びる個体がある。ところが遺伝子の多様性が失われると、上記のようなさまざまな環境の変動に集団として対応できなくなる。

さらに遺伝的に似たもの同士の交配、いわゆる近親交配が起こり、それが続くとさまざまな問題が生じてくることが考えられる。いわゆる「近交弱勢」という現象で、具体的には繁殖力が弱まったり、問題のある形質が発現して生存率が低下したりするおそれがあるのだ。同様に、新たな突然変異によって生じた有害な遺伝子も、集団の中に固定され、広がりやすい。

いずれにせよ、それらは多くの場合滅びへの道である。

日本の生きものはどこへ

調査の仕事で熊本県八代地方に何回か通ったことがある。海を間近にのぞむ干拓地には、はるか彼方まで青々とした水田が続いていた。海沿いの放水路の手前に、冬には渡り鳥たちの越冬地になるという大きな遊水池があった。

遊水池に近寄ってみると、コンクリートの護岸やヨシの茎に濃いピンク色のかたまりが点々と着いていた。

はじめはゴミなのかと思った。色合いが人工的だったからだ。しかしよく見ると、粒状で何かの卵のようである。「ジャンボタニシ」の卵塊なのだった。

ジャンボタニシとは、スクミリンゴガイの別名である。食用にするため台湾から持ち込まれたが、味も良くなく見捨てられたらしい。そのジャンボタニシが池に大繁殖しているのだ。

岸辺に吹き寄せられていたのは、ホテイアオイだった。熱帯魚店でよく売られているこの浮標植物は、熱帯アメリカが原産地である。夏には池を覆い尽くすほどに増えるという。数頭のカメが岸に上がって甲羅干ししているのが見え、双眼鏡でのぞくと、北アメリカ原産のアカミミガメだった。ペットのミドリガメのなれの果てだ。低くほえるような、これも北アメリカ原産のウシガエルの声も聞こえた。やはり北アメリカ原産のオオクチバス（オオクチバスとコクチバスを総称してブラックバスと呼ぶこともある）やブルーギル、カダヤシもいるという。もちろんこの環境なら、アメリカザリガニがいることも間違いないだろう。

この池は、外来生物の宝庫だった。生きものだけを見ていると、ここはほんとうに日本なのか、目の前が陽炎《かげろう》のように揺れる気がした。

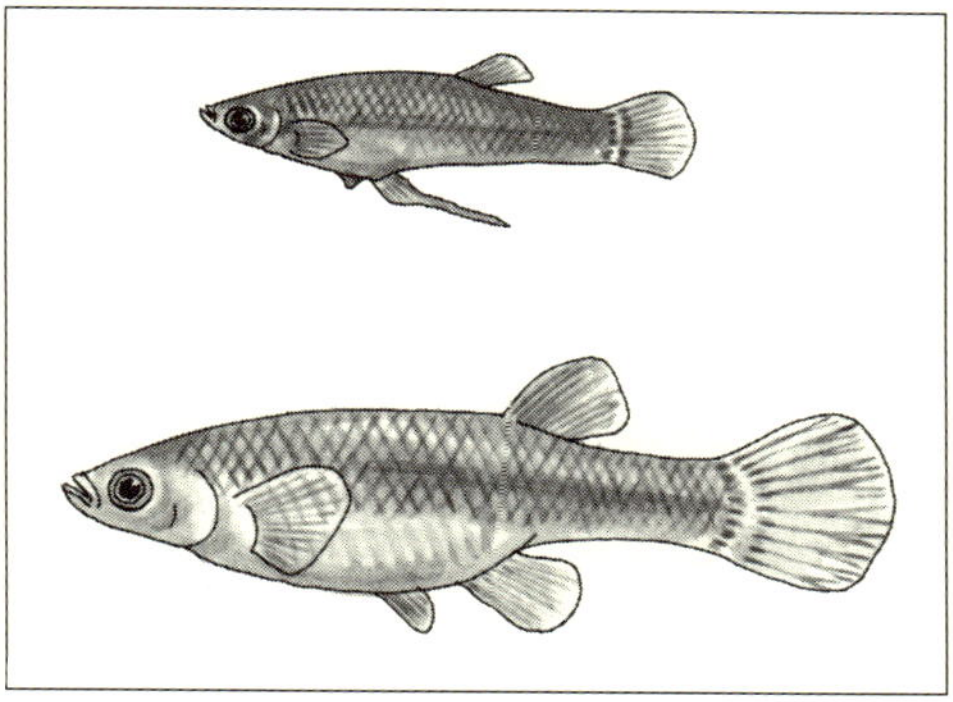

図3・8　カダヤシ（上がオス・下がメス）
浅田ちひろ・画

しかし、このような光景はいま、多かれ少なかれ日本中で見られるのである。もはや日本の低地域の生態系、とくに止水生態系はかつてのものとは大きく異なってしまっているのだ。

カダヤシは卵胎生で直接稚魚を生み落とすので、メダカのように卵を産みつける水草が生えていなくても繁殖が可能である。同じ場所でカダヤシとメダカが生息していた場合、餌に競合が起こるし、カダヤシがメダカの稚魚や卵を食べてしまうこともある。

ため池に放されたオオクチバスやブルーギルは、メダカばかりかそこにいる小魚やエビを食い尽くす。アカミミガメは在来のイシガメやクサガメと、生息環境や餌が競合する。外来生物によって、在来の生きものの生存は確実に脅かされている。

ウシガエルやアメリカザリガニ、オオクチバスなどは大正〜昭和初期に日本に持ち込まれているが、外来生物がこれほどまで広がってしまったのはここ一〇〜二〇年のことだ。オオクチバスは、移入先の神奈川県の芦ノ湖から持ち出すことが長く禁止されていたにもかかわらず、各地に増え、一九七四年には琵琶湖でも発見されるに至った。今では琵琶湖固有の魚を追いつめつつある。

淡水域に外来生物が広がったのは、ほとんどが人為的要因からである。ペットとして飼われ、持て余して捨てられたアカミミガメ。カミツキガメやワニガメといった物騒なペットも、平気で捨てられている。ペット業者が「在庫処分」のために放流するケースもあるようだ。九州や沖縄では、つい最近まで多くの自治体がボウフラ駆除の目的でカダヤシを放流していたが、いまも続いているのだろうか。さらに、ゲームフィッシングのために放流されつづけるオオクチバスやブルーギル。オオクチバスは止水性だが、最近では流水にも生息可能なコクチバスが放流されるようになり、渓流魚にも危機が迫る。

私はゲームフィッシングをやめろとはいわない。在来魚で楽しめばいいことだ。在来の自然を生かし、共存できるゲームフィッシングのやり方はあるはずだし、そのような釣り場が増えることは、在来魚の生息できる河川・湖沼環境が豊かになっていくことにつながる。むしろいいことだと思っている。

しかし現実には、残念ながら、日本のゲームフィッシングの世界に生態系への配慮、共存という考え方は乏しいようだ。長い時間をかけて日本の自然環境に定着してきた生きものが、人間の一時の楽しみのためにあっという間に追いやられてしまう。彼らのいう、生きものにやさしいという「キャッチアンドリリース」は欺瞞、自己満足でしかない。

最近はオオクチバスの駆除から、共存を言いだす漁業協同組合すらある。釣り客から入漁料を取り、遊漁船で収入が上げられるからだ。しかし、移り気なゲームフィッシャーたちが、いつまでオオクチバスを釣りに来てくれるものだろうか。あとに残るものは、ずたずたにされた在来生態系だけではないのか。

ここまで深刻な事態になってくると、「生態系保全法」のような法律の制定によって、放流を防ぐしかないかもしれないという気になってくる。もちろん、それ以前に在来生態系を守るためのしくみと生態系保全のための教育が必要なことはいうまでもない。

残念なことに、現在の子どもたちにとってなじみ深い生きものとはすでにこうした外来種に置き換わりつつあるのが現状である。少なくとも一九六〇年代以前に育った大人たちが親しんだ生きものとは、ずいぶん様変わりしてしまった。

京都大学生態学研究センターの遊磨正秀氏らが、滋賀県下で行った調査がある。子どもの遊びと水辺との関わりを三世代に聞き取りしたものだ（遊磨ほか：「水辺遊びにみる淡水生物相と遊び文化の変化」、

『生物の科学　遺伝』、一九九八年七月号、裳華房)。

まず、水辺の遊びの中で生活用品や農具を転用したり、伝統的な漁具・漁法を使う捕獲方法が失われ、既製の釣り道具を用いたものに変わった。

二〇種類の淡水魚や貝について、水辺でとらえた経験をたずねた項目では、コイやマシジミは一九六〇年代から、オイカワ、タナゴ、ナマズは七〇年代から、フナは九〇年代に入って減少しているという(ただしこの調査ではメダカについて「増減なし」という結果が出ている。これについては、他種の小魚を「メダカ」と回答している可能性が高いとしている)。一方、増えたものはやはりアメリカザリガニ、ブラックバス、ブルーギルである。

また、同調査では淡水生物の呼称についてもたずねているが、祖父母、父母世代にはまだ保たれていた身近な淡水生物の地方名が子ども世代では失われ、図鑑や教科書に出ている名前に置き換わっているという。

水辺の生物多様性とともに、水辺での子どもたちの遊びや生きものの呼称という、文化の多様性もまた失われてしまったのである。日本在来の生きものが消え、そこに人間によって放された外来生物がはびこっていく。うすら寒い光景と感じるのは私だけだろうか。

五〇〇〇もあったと言われるメダカの地方名についても、近年になって急速に失われていることが推察される。エコロジカルウェッブの九九年の調査では、メダカの地方名を回答してもらうように項目を設けたのだが、書き込まれていないものが多く、また書き込まれていても「メダカ」となっているものがほとんどであった。体験ではなく、知識としてしかメダカを知らない世代が増えていることは確実である。

善意の放流もメダカを傷つける

メダカをペットとして飼う人は、昔からいたようだ。江戸時代はいまのように園芸や小動物の飼育が盛んに行われていたようで、現在の観賞魚のルーツも江戸時代にさかのぼるものが多く、ヒメダカも江戸時代にはすでに飼われていたという。

そのヒメダカが、野外でしばしば目撃される。自然状態で新たな突然変異によってヒメダカが出現する確率はきわめて低いので、これはどこかで飼われたものが逃げ出したか、人為的に放されたものだとわかる。メダカは簡単に飼育できる。極端な話、水さえ切らさなければ、メダカは生きていける。しかも、初夏から夏にかけては、次々産卵するので、増えすぎて手に負えなくなるという人が多いのだ。

もう一つは積極的な放流である。

私のところにもメダカの放流について、問い合わせや「報告」がいくつかあった。ペットショップで買ったヒメダカを放流してもいいだろうか、あるいは、近ごろメダカが少なくなったので近くの川に放流しているというものである。本人たちにとっては善意かもしれないが、後述するようにメダカにとっては迷惑な話なのである。

一九九九年になって、私のもとに、多摩川の支流の一つである野川にメダカが生息しているという、複数の情報が届いた。野川は東京の国分寺市から世田谷区にかけて、主に住宅地帯を流れている都市河川である。都市河川の常として、野川もほとんどコンクリート三面張りの排水溝と化していたが、一部が親水河川として整備し直されたため、植生も豊かになり生きものが戻ってきている場所がある。

私もさっそく現地を訪れてみた。橋の下の日陰になっているあたりで、流されまいと必死に泳いでいる数尾のメダカを確認した。念願の「多摩川メダカ」なのだろうか？

野川は水量もそれほど多くなく、流れは比較的速い。ヨシやマコモも生えているとはいえ、川底は砂利で、どちらかというとメダカよりオイカワのような泳ぎの達者な魚が優占して生息する環境に見える。実際に婚姻色の出たオイカワも多数泳いでいた。

情報ではクロメダカだけでなく、ヒメダカも混じっているという。放流の可能性が高い。

そして放流の事実は、ある新聞への投書がきっかけで明らかになった。投書は放流している本人からではなく、その知人からのものであったが、やはり、野川にメダカを放流し続けているという人物がいたのである。

「廃校になったメダカの学校」と題されたこの投書によれば、投書者の知人は、すでに一〇年にもわたって野川にメダカを放流し続けていたらしい。地方出張のたびに現地でメダカを購入してきて、多いときには一〇〇〇尾単位で放流してきたというのである。投書は、野川にメダカがいることがテレビで放映されて知られたためとられていなくなってしまったと、人のモラルの問題を問いかけて結ばれていた。しかし、もともとメダカが定着するには厳しい環境だったと思う。ほとんどは多摩川本流まで流されて行ったのではないだろうか。

このような「善意の放流」は後を絶たない。

前述したように、メダカは同一種であっても地域ごとに遺伝子の異なるグループ（地域個体群）に分かれることが、新潟大学の酒泉満教授らの研究から明らかにされている。心配されるのは、ヒメダカや他地域のメダカを放流することによって、この地域個体群が損なわれることである。繰り返すが、メダカが長い時間をかけ、分布を広げ、それぞれの環境に適応してきた歴史が、メダカの地域個体群をつくりあげたのである。そのことを考えると、同じ種なのだからどこに放流しようとかまわないとはいえない。放流は長い時間かかって書き上げてきたメダカの履歴書を、ずたずたに引き裂いてしまう行為である。

教育・啓発という名の下に

もう一つやっかいなのは、行政が行う放流である。

一九九九年春、東海地方のある自治体が、子どもたちの環境教育の一環としてメダカを放流するという事業が、地方新聞に紹介された。新聞では、ほほえましいひとこまで終わっていたが、ことはそれほど単純ではなかった。

その自治体に問い合わせてみると、放流したメダカは市内のペット卸業者から購入したものであり、卸業者はさらに九州の業者から取り寄せていたことがわかった。それ以上は確かめようがなかったが、放流されたメダカはおそらく「野取り」ではなかっただろうか。メダカ（クロメダカ）は、ペットショップで一尾一〇〇円程度で売られている。ペットショップの仕入れ値は五〇円程度だろうから、卸業者の買い入れ価格では、せいぜい二〇〜三〇円だと思われる。その程度の価格のものを、いつ注文があるかわからないのに大量に飼育しておくことは、とても割に合わないと思われるからだ。実際に、野生動物の採集を手がけるプロあるいはセミプロがおり、注文に応じてペット市場や実験動物市場に野生動物を供給しているという話は、私もしばしば耳にする。

このケースでは問題点は二つある。一つは先に見たように、九州のメダカを東海地方の水系に放流することで、遺伝子が混じり地域個体群を損なうおそれがあること。もう一つは、もしこれが「野取り」であったとすれば、おそらく九州のどこかで、野生メダカが乱獲されただろうことである。

東京都内でも、残念なケースがあった。多摩地区北部を流れる都市河川に隣接して設けられた洪水防止用の調整池に、行政の手によって他地域のメダカが放流されたのである。放流は東京都と地元自治体が事業として行ったもので、メダカは保護活動で知られたある地方のものであった。事業を伝える自治体の広報には、市長自ら池にメダカを放流する写真が添えられていた。

この放流については事前に情報を得ていたため、自治体の担当者らと話し合いを持つことができたのだが、議論は全くかみ合わなかった。担当者らは「自然保護の象徴として」メダカを放流するのだという。私は野生メダカの地域個体群のことを説明し、遠く離れた地域のメダカを放すのでは、ヒメダカの放流と何も変わらない、せめて同じ水系（その川は荒川の支流であった）のメダカをさがすべきだと話したのだが、受け入れてはもらえなかった。彼らが「保護活動で有名なメダカ」を、その池に入れることにこだわっているのは明らかだった。

また、彼らはメダカが本流に流れ込む可能性が低いことも強調した。だが私が現地を訪れてみると、その調整池は底を深く掘り下げたためか上流にあたる方向の土手から常に水がわき出しており、その水が排水口から河川本流に落とされていた。メダカも当然流れ出すと考えられた。

果たして翌年、この調整池の下流でメダカが多数泳いでいるという報告がエコロジカルウェッブに届いたのだ。話し合いを持ったとき、担当者は「この河川にはメダカはいない」と断言していたのだが……。

この川は下流で荒川に合流する。荒川水系では、少ないながらまだ在来メダカが生き残っている場所があるし、東京湾まで流された後、他の水系に入り込むことも、十分に考えられるのである。

このような地域個体群を考慮しない「公的な」放流は、各地の調整池、公園で行われている。

前述の東海地方での放流事業は、環境庁が推進する「こどもエコクラブ」の活動の一環として行われたものだった。「こどもエコクラブ」の事業内容は各実施主体に任されているので、環境庁の責任とまでいうつもりはない。しかし「自然保護」と「環境教育」との間には、いろいろな意味でまだまだ大きなギャップがあるといわざるを得ない。メダカが単にレッドデータブックに記載されたというだけにとどまるならば、ここに紹介したようなケースは、今後も続くことだろう。表面的な理解や誤った思いこみによって、メダカがますます追いつめられていくことになる。絶滅危惧種の保全に関して、環境庁はもっと情報とソフトを提供すべきではないだろうか。

そもそも、その地域からメダカがいなくなっているなら、放流されたメダカが定着できる可能性は低い。そこにはもはやメダカの生息条件が整っていないと考えられるからだ。だが、放流された場所によっては、水系をたどって在来メダカの生息域に入り込み、交雑するおそれも十分にある。洪水とともに、河川敷の水たまりや調整池に入り込んでそこで代を重ねる可能性もある。私が恐れるのは、調整池のような場所が放流メダカの継続的な供給地になってしまうことだ。それが採集され、飼われた後また放流されるかもしれない。いったん放流されたら、メダカがどこでどういう経路をたどって広がるか、予想がつかないのである。メダカが「しぶとい」といったのはそういう意味だ。

かつてのようにその水系にメダカが無数に生息していたのなら、少々の数の放流が与える影響は少なかったであろう。しかし、現在はメダカの数自体が激減しているのだから、一度に多数の個体を放流することにより、一気にその水系の遺伝子地図を塗り替えてしまうかもしれない。教育や啓発という名の下に、取り返しがつかない結果につながることがすでに行われてしまっているのである。

第4章

メダカに出会う旅

ふるさとのメダカとの再会

メダカの調査が地方紙に紹介され始めてしばらくたったある日、私のもとに一通の電子メールが届いた。

「私は静岡県のK高校の三年生です。去年からメダカの分布調査を始め、メダカのいるところを見つけました。いずれも田んぼの近くの水路で、ほとんどが自然ぼりで、山からのしぼり水をひいていました。今度調査結果を送りたいと思います」

K高校は私の母校である。メールは後輩たちからの、うれしいふるさとメダカの生息情報だった。静岡県は山がちの県だが、いくつかの大河川が流れており、中小河川も網の目のように広がっていて、水田も多い。私の育ったあたりも今では宅地が多くを占めるようになったが、子どものころ家の前には一瀉千里といいたいほど広々とした水田が広がっていた。もちろんメダカはごくあたりまえの生きものだった。

私は高校卒業と同時に上京してしまい、たまにふるさとに帰っても水辺をのぞくこともなかった。気がついた時には慣れ親しんだメダカたちは、目の前の水田地帯からいなくなってしまっていたのだ。

電子メールの後、何度か情報をやりとりして、旧盆に帰省するのを機会にメダカ生息地を案内してもらうことになった。

私を迎えてくださったのは、生物部顧問の山村京子先生と三人の生徒さんだった
初めに案内されたのは、驚いたことにコンクリート三面張りの深い排水路だった。子どものころかけずり回った野山に近い水田地帯。水路に水は深さ一〇センチメートルほどしかなく、底質は泥と砂利のようだったが、中に入ってすくってみると、砂利に見えたのは大量のマシジミの殻だ。もちろん生きているものもいるので、誰かが捨てたというわけではなさそうだ。

計ってみると三五度もある温かい水の中で、メダカは群れをなして泳いでいた。

三面張りの水路に生息しているのは意外だったが、上流に釣り堀があり、井戸水をくみ上げていてそれを流しているという話で、冬にも水がかれないのだろうという。とりあえず、ふるさとのメダカは元気だったことに安心し、もう一カ所の生息地に向かった。

東名高速道路と新幹線のガードをくぐり、着いたところには、思いがけず「なつかしい」風景があった。水田に隣接して農家があり、その間を幅五〇センチメートルばかりの用水路が流れている。最初はこんなところに、と思った。しかしかつては、こんなところにメダカがたくさんいたことを思い出したのである。

山村先生が「ひとすくい数十尾」というとおり、無数のメダカが群れていた。

「そうなんだ。ぼくの小さいころはこんなところにメダカがいっぱい泳いでいた。家があって、

田んぼがあって、わきに水路が流れていて、フナやカエルもたくさんいて……」

少しずつ、そんな子どものころの光景が心によみがえってくるような思いがした。踏み込んだあぜから、トノサマガエルが次々に水中にジャンプした。

さらに、用水路をたどって水田や茶畑の間を縫っていくと、ぽっかりとあいた山の間に美しく管理された水田が現れたのである。片方にため池があり、その土手からじくじくと水がしみ出ている。土手はきれいに刈られて、管理する農家の誇りが伝わってくるようだった。どうやらここがメダカたちの桃源郷のようだ。

頭を垂れはじめた稲穂の上を涼しい風が渡った。

絶滅の淵から（メダカの学校・山梨）

標高八〇〇メートル近い富士のすそ野にも、メダカは生きていた。

富士五湖は知っていたが、富士八湖とは耳慣れない呼び名だった。富士山信仰が盛んだった江戸時代には、入山前に身を清めるための場所が八カ所あったのだという。

富士吉田市にある明見湖《あすみ》も、その八湖の一つであったという。この明見湖のある小明見地区は富士に連なる山々に囲まれた、緑豊かな土地である。

訪れてみると、明見湖は湖というより、こぢんまりとした池のようであった。実際に地元では

「蓮池」と呼ばれて親しまれている。

富士のわき水を集めた明見湖は、江戸時代に埋立が進み、周囲が水田として利用されるようになってだいぶ小さくなったようだ。

明見湖のそばに代々暮らす勝俣源一さんは語る。

「どのようにしてここにメダカがやってきたのかを考えると、不思議です。富士五湖にもメダカはいないし、ここは相模川水系の桂川の水源の一つですが、途中は急流地帯が続いていますから、メダカが自力で上って来るとは考えられないのですが」

水田が開かれた江戸時代か、それともさらに古い時代に、タンパク源として明見湖に持ち込まれた淡水魚の中に、メダカが紛れ込んでいた可能性もあるという。

しかし、現在明見湖にはメダカはいない。メダカは、勝俣さんたちが管理する「メダカの学校」に生き残っているだけである。「メダカの学校」とは水田を利用してつくられた、一種の水辺ビオトープ（生物の生息空間）である。だが、それだけの存在ではない。

本書の冒頭にも書いたように、一九九一年、山梨県淡水魚研究会は山梨県内のメダカが絶滅したのではないかと発表した。勝俣さんは、「そんなバカな。明見にはまだいるはずだ」と、慣れ親しんだ近所の水辺をさがした。結果は一尾発見したのみだった。

ショックを受けた勝俣さんたちは、翌年、最後にメダカを見つけた湿地（休耕田）を借り、ヨシを

写真4･1　メダカの学校・山梨と勝俣さん

刈り払って、小さな水辺をつくった。そして、メダカの復活を願い、「メダカの学校」と名づけたのである。

幸い、明見湖のメダカは絶滅発表の前年に、県淡水魚研究会のメンバーにより保護されて飼育増殖が図られていた。そのメダカを譲り受けて、水辺に戻した。

その後、道路の拡張工事のため、池は勝俣さん所有の水田に移動。池の隣は、子どもたちの体験水田として利用している。池にはミズカマキリ、コオイムシ、マツモムシなど水生昆虫も戻ってきた。数は少ないがヘイケボタルもいる。池の中に立てられた看板にカワセミがとまる。

明見湖から、なぜメダカが消えたのか。勝俣さんは、周辺が開発されて住宅地になったり、道路工事などで流れ込む湧水が減ったこと、ブラックバスやブルーギルが放されていること、を原因としてあげる。周辺の水田は冬場には水がなくなってしまい、メダカは生きていくことができない。

「明見湖のまわりの里山も、手入れがされなくなって荒れ放題だし、蓮池の水は減るし、汚れるし、すっかり昔とは変わってしまった」

と嘆く勝俣さんだが、その行動力は嘆きを「メダカの学校」の活動へと昇華させた。

「メダカの学校」では、毎年自然観察会や環境展を開催して、多くの市民を集めている。さらに、地元の小学校でも「ミニ蓮池」をつくってメダカを育てるなど、活動は確実に広がりを見せている。

勝俣さんは、この地で生まれ、その豊かな自然と生きものとともに育った。

「メダカの学校」の試みには、変わりゆくふるさとの自然を守り、子どもたちに伝えたいという勝俣さんたちの思いが込められているのだ。勝俣さんの願いは明見湖を昔のような姿に戻すことである。

山梨県内のメダカはその後甲府市内などで再発見されているが、危うい状況にあることには変わりない。

メダカの田んぼを守る（落居区環境を守る会）

静岡県相良町は駿河湾の入り口に突き出した御前崎の北側に位置する。落居区は町の南部にある。

このあたりは海のそばまで丘陵が迫っている。丘陵は主に茶畑として利用されているが、急傾斜の狭い農道を上っていくと、いく筋かの谷が走り、海が間近とは思えない山間の風景が出現する。ここでは昔からわき水の流れを集めて水田がつくられてきた。

「昔はここまでウナギが上ってきたですよ。ドジョウや田つぼ（タニシ）もとって食べたもんです」曽根善明さんが、なつかしそうに言った。曽根さんは「落居区環境を守る会」の初代会長である。会ができたのは一九九五年のこと。町が地域振興事業を公募したのに手をあげた。地域の環境をよくしようと、小学生の作文コンクールや看板づくり、月一回の清掃活動、パンフレットをつくっての啓蒙活動などを行っている。

会員の一人が、減反で水田をやめるという話を聞いて、この田んぼをメダカの保護のために使おうということになった。翌年、会員の共同作業で「メダカの田んぼ」が誕生した。

「もともとメダカがいた田んぼだから、田んぼをやめたら絶えてしまう。それが残念で」（曽根さん）

いまは年五～六回の作業で、池やその周辺を管理している。地主の方からは残り二枚の田んぼも使っていいと言われているし、周辺の林も手を入れてきれいにしたいが、まだそこまで手が回らないでいる。会員は現在一八名。この人数では、いまの「メダカの田んぼ」だけでもなかなか大変だ。それでも、みんなが作業を楽しんでくれるのがなにより、と二代目会長の小塚正治さん。

「ここまで来るとやめられん」と笑う。

日照りの年には田んぼが干上がりそうになって、尾根を通る農業用水を一トン五〇円で買って水を足し、何とかしのいだこともあるという。

いまではここを通る農家の方がメダカの田んぼの様子を見て、「水が減ってるぞ」などと声をかけてくれるようになった。

地区内にある保育園には、いつでも子どもたちが来て虫とりや魚とりをしてかまわないと声をかけている。

「こんな田舎でも最近は泥だらけになって遊べる子が少なくなった」と曽根さん。

私が訪れた八月中旬、水面ではギンヤンマやキイトトンボ、シオカラトンボがさかんに産卵する光景が見られた。ほかにも多くのトンボ類、タガメ、ミズカマキリなどの水生昆虫が生息するそうだ。イモリも数えきれないほどいるという。

コンパクトな生態系の中で、やさしい人々に見守られて相良のメダカたちは元気に泳いでいるのだった。

メダカ情報を発信する(メダカワールド)

新潟県柏崎市の罍《もたい》貴秀さんからリンクの申し込みをいただいたのが、エコロジカルウェッブのメダカ調査のきっかけだった。その後も電子メールでのやりとりは続いていたが、一年以上たってようやく柏崎を訪問することができた。

罍さんは家業のサインディスプレイ製作の仕事のかたわら、「メダカワールド」というホームページを開設している。

彼のホームページは、メダカの飼育を通じて自然の大切さや人と自然のつながりに気づいてもらいたいというねらいで、おもに子どもたちや学校向けに情報を発信している。メダカの飼育方法も試行錯誤しながら工夫を重ね、ミニ水田環境での飼育を提案したり、私も教えられるところが多い。学校の帰りに道草し沼地でメダカと戯れた子どものころの原体験が、罍さんの活動の下敷きになっている。

「生命の世界はリセットできません。コンピュータゲームをいとも簡単に操るいまの子どもたちを、インターネットを入口にして、現実の世界に誘導してやりたいんですよ。生きものはこんなに面白いぞ、と」

実は罍さんがフィールドとしていた池が、最近埋め立てられてしまった。そこは彼の祖先の地でもあった。この時はさすがに落胆の様子がありありとわかる電子メールをいただいたが、そのことで新しい活動の方向も見えてきたようだ。その後は、前よりもずっとエネルギッシュに情報を発信している。

疊さんはこの日、とっておきの場所に私を連れていってくれた。柏崎の市街地から車で四〇～五〇分ほど山側に入ったところで、こぢんまりとした集落を通り過ぎてさらに奥に向かった。林の中の空き地に車をおいて山道を歩くと、じきに林がとぎれ視界が開けた。棚田が少しあり、さらにあぜ道を上っていくと、そこにさほど大きくない池があった。歩きながら、疊さんが言った。

「ときどき、ぶらっとここに来るんですよ」

そこには心身が癒されるような風景があった。メダカは、池とまわりの水路に無数にいるようだった。まわりを囲んだ山々からわき水を集めているのだろう。水音が心地よかった。水量が豊かでよく澄んでいるところをみると、池の底からも水がわいているのかもしれない。まばらにヨシが生える湿地には、カキツバタが何株か花をつけていた。花が終わったばかりのミツガシワが、名の由来になった大きな葉を広げていた。水辺には何種類かのイトトンボが飛んでいた。まわりの林からホトトギスやウグイスの声が聞こえた。

もともと豊かな水によって米の生産をになってきた越後地方だが、平野部はかつて低湿地で、水田はぬかるみ、作業は腰までつかる重労働だったという。そんな土地柄だけに、逆に淡水魚とのつきあいも深かったのだろう。新潟県内にはメダカを佃煮にして食べる地域もあった（いまでも「メダカの佃煮」を販売している店がある。もちろん養殖したものだ）。しかし、現在では米づくりの盛んな地域ほど圃場整備が進んでメダカが激減しており、とくに平野部ではほとんど壊滅状態である。

畧さんがメダカをさがして農家の方にたずねても、「メダカ？　そのへんにいるさ」という答えが返ってくる。

「メダカがいなくなっていることにさえ、気づいていないんだと思います」

圃場整備と機械化は農家の負担をずいぶんと軽減したが、水田とともにあった文化は消えようとしているのかもしれない。

農業土木の現場から春の小川の復活をめざす（メダカ里親の会）

さながら「栃木県メダカサミット」のようだった。梅雨明け直後の暑い日ざしの降り注ぐ昼下がり、宇都宮市内の小さな地区集会所に集まった人々のキーワードは「メダカ」。市内に事務局を置く「メダカ里親の会」（会長・水谷正一宇都宮大学農学部教授）が呼びかけて、栃木県内でメダカの保護活動を繰り広げる団体・個人が一堂に会したのだ。県内各地での生息状況や保護活動の報告が続き、議論が交わされた。

「メダカ里親の会」は、農業水利を専門にする水谷教授を中心に、農業土木に関わる人々の集まり「栃木県農業水利研究会」が基になっている。つまり、土地改良事業の当事者たちが中心メンバーなのである。研究会の中で水田に魚がいなくなったことが話題になり、メダカを飼って育てることから始めたことで、「里親の会」と名づけられたそうだ。一九九五年のことである。会では前後し

写真4・2　メダカ里親の会・「めだかの学校」での観察会

て県内のメダカの調査も始めたが、この年五カ所、翌年には四カ所と生息地を発見はしたものの、いずれも心細い状況でその保全が急務だった。メダカがかろうじて生き残っている場所にも、圃場整備計画が持ち上がっているところがあった。会ではそれらのメダカの一部を飼育保護するとともに、近くに保全地を確保し移植したり、圃場整備事業の中で生息可能な場所を残す手法を取り入れるよう働きかけている。水谷教授の研究室も、調査や研究を通じて里親の会と二人三脚の活動を展開。圃場整備事業への提言や、設計へのアドバイスも行っている。

さらに九九年には事務局長の中茎元一さん所有の休耕田に水を張り、木道を設けて、「めだかの学校」として整備した。ここは地元の小学校などの学習施設としても開放している。「メダカサミット」の日の午前中には、夏休みを控えた小学生を招いて観察会が行われた（写真4・2）。観察会というよりどろんこ遊びと言った方があたっている。水着に着替えた子どもたちが手に手にたも網を持ち水の中を探るのだが、たちまち泥ダルマになってしまう。それでも短時間にメダカ以外にもドジョウやコガムシ、ケラ、タイコウチなどたくさんの生きものが見つかった。

時間が過ぎても、子どもたちはなかなか田んぼから上がりたがらない。先生にせき立てられて、ようやく全員が体を洗い終わって、学校に戻り始めたときには、もう昼近くなっていた。

「ずっと、こういう場所をつくりたかったんですよ」

と、中茎さんは目を細める。土地改良事業に長くたずさわってきた経歴から、これ以上農村から生きものを絶やしてはいけないとの思いがある。中茎さん自身も水田農家に生まれ育った。米づくりの厳しさも知っているが、同時に水田のまわりで遊んだ楽しい思い出も持っている。

「気がついたら田んぼからいろいろな生きものがいなくなってしまっていた。これはたいへんだと思いました」

八九年にドイツへの視察旅行で、近自然工法や生態系の復元事業など先進的な事例にふれ、刺激を受けたことも底流にあったという。

「これまでの圃場整備では、工事の前にも後にも、生きもののことをほとんど考えてこなかった。ゲンジボタルの生息する水路で保全の提案をし、避難させる手はずまで整えていたのに、工事関係者が水を止めてしまったために干上がってしまい、悔しい思いをしたこともありました。今後圃場整備にあたっては、まずそこにどのような生きものがいるのか、どういう環境なのか、現況を把握するところから始めるべきだと思います」（中茎さん）

水田地帯の生物は、少し前まではどこにでもいたあたりまえの生物である。それだけに、その生物の保護に特段の配慮がされることはほとんどなかったのである。しかし、いまや水田地帯の生物の代表であるメダカがレッドデータブックに記載されるようになってしまった。それればかりでなく、絶滅危惧種に指定された淡水魚には、関東地方だけで見てもミヤコタナゴ、ゼニタナゴ、シナイモツゴなど、、水田地帯の魚が多いのである。

これからはどのような事業をするにあたっても、人間の都合だけでなく、そこに生物が生息しているということへの「気づき」が必要だと思う。環境を多自然にする前には、たずさわる人々が自然をよく知らなければならない。中茎さんは続ける。

「水田地帯にすむ生物の生活史をきちんと把握して、それぞれの場を保全することと同時に、その間の移動を保証することができなければ、ほんとうの保全とはいえません」

農業土木の現場改革への挑戦が始まった。

賢治のふるさとのメダカはいま（メダカトープ）

一〇月末、岩手県花巻は平地の林まで錦繍で彩られ始めていた。

岩手県でメダカが生息しているのは北上川水系だけで、花巻はその最北になる。それより北は青森に北日本集団のメダカがいるが、花巻は南日本集団の北限なのである。

もともとは温暖地の魚であるメダカにとって、最低気温がマイナス十数度にも下がるこの地方の真冬の寒さは、さぞ厳しいに違いない。日本海側と違って雪がそれほど積もらないため、寒さが直接地面や水辺を凍らせる。近在のため池や河川・水路を回って地域の淡水魚相を調べてきた、根子英郎さん（花巻市桜町）によれば、もともと花巻にはメダカが至るところにたくさんいたというわけではなく、生息地は何カ所かに偏っていたようだという。

花巻のような寒い地域でメダカが生き残る条件は、冬に完全凍結しないことと、逆に夏には産卵に適した温度まで水温が上がることだ。これを満たすには、わき水が流れ込むことに加え、浅い止水域が必要である。わき水は水温が安定しており、冬場の凍結を防いでくれる。一方浅い止水域では、夏の日ざしが水を温めメダカの産卵を促す。そのような条件を備える場所は花巻でも限られていたようなのである。

長い間厳しい冬を耐えてきた「北限のメダカ」に、危機が訪れていた。

写真4・3　メダカトーブ
後方に見える建物はイーハトーブ館

花巻空港の南側に広がる水田地帯は、かつての北上川の氾濫原だ。この水田地帯もメダカ生息地の一つで、昭和三〇年代までは多くのメダカが確認できたと、北上市に住む小原善章さんから報告をいただいている。現在の花巻空港は水田地帯より一段高い段丘面にある。このすそ野からわき水が水田地帯に流れ込んでいたのかもしれない。ところが今訪れてみると、広い水田地帯は一面休耕田に変わり、ヨシやガマ、セイタカアワダチソウが生い茂っていた。実は、花巻空港の拡張にともない、埋め立てられる予定になっているのだ。

農業用水はすでに止められているが、一部にまだわき水があるのだろう。わずかに残った水たまりがメダカの最後の生息地になっていた。ここで夏に数を増やし、増水時に付近の用水路に流れ出しているようだ。しかしその用水路も手が入らなくなって、草でおおわれへドロがたまって埋まり始めている。

このメダカを救おうと、県内の大学・教育関係者、自然保護グループ、自治体職員や地元住民らが立ち上がった。一九九九年一〇月一七日、地元の小学生らが、生息地のメダカを網ですくい、メダカトーブと名づけた池に移植した。花巻はいうまでもなく宮沢賢治の故郷。メダカトーブの名も、もちろん賢治の「イーハトーブ」に由来している。

根子さんに案内していただいたもう一カ所のメダカ生息地は、山間のため池で、戦前から地元の人たちに「北限のメダカ」として知られていた場所だそうだ。わき水が流れ込む日当たりのよい浅い池で、水生植物が豊かだ。

「この生息環境をメダカトーブのモデルにしたのです」

と根子さん。

花巻に限らず、北上川流域にはため池が多い。根子さんの調査ではこれらのため池に、メダカのほかシナイモツゴやゼニタナゴが生息するところがあったという。いずれも、岩手県を北限とする絶滅危惧種である。ため池が、淡水魚相の保全に貢献してきた可能性が高い。だが、今ではブラックバス（オオクチバス）をはじめとする内外の移植魚によって、地域固有の淡水魚相が破壊されてしまった。メダカトーブのすぐ近くにあるため池も、ブラックバスの釣り場になってしまったという。

メダカトーブは、地域の自治会や小学校の手で守り育てられる予定である。ここで育ったメダカたちは、花巻空港の拡張工事が終了したら、生息環境を整備し直して、もとの生息地に戻そうと考えられている。

沖縄の在来自然の中で（ビオスの丘）

口笛で呼びかわすようなアカショウビンの声が聞こえた。中生代の森を思わせるヘゴ（木性のシダ）の林。咲き乱れる色とりどりの蘭《ラン》。「ビオスの丘」は一口で説明すれば、沖縄の在来自然を体験できるテーマパークだ。

沖縄の在来メダカ（琉球メダカ）は、開発と外来種に追われてもはや生息地は数えるほどしか残っていないという。琉球メダカに出会える数少ない場所の一つが、ここビオスの丘なのである。メダカを見に来たはずが、亜熱帯の自然につつまれてしばし陶然と時を過ごした。

ビオスの丘は、沖縄本島中部・石川高原と呼ばれる標高一〇〇メートルほどの丘の上にある。驚いたのは、ここが完全な民営、つまり会社組織によって運営されていることだ。運営母体となっているのは有限会社らんの里沖縄。その名が示すように、もともとは蘭の栽培と販売を行ってきた会社だが、三三万平方メートルにも及ぶ敷地に七年もの歳月をかけて、コツコツとこの施設を築き上げてきた。オープンは一九九八年四月のことだ。

メダカは、もともと敷地内の池に生息していたものだという。整備にあたって、いったん池をさらい、メダカやヨシノボリなど在来生物を一時保護。その後、再び池に戻した。時間がたつにつれて、池にはほかにもたくさんの水生生物が戻ってきた。

「お金がかけられないから、みんな職員の手づくりなんですよ」

と苦笑いするのは、代表取締役の内田晴長さんだ。お話をうかがった立派な木のテーブルとベンチからして、譲り受けたアカギの倒木から加工したものだった。

園路は土に石灰を混ぜた「たたき」だった。これも経費節約のため職員の汗の結晶だというが、歩きやすいだけでなく、「道教え」の別名を持つ美しいハンミョウが、何匹も何匹も歩く足先を飛び立っては着地する。コンクリートやアスファルトの道ではハンミョウは見られない。手づくりによって、はからずも生きものにやさしい道ができあがったのである。

このほか、沖縄本島に生息(定着)しているチョウ五七種のうち五一種、トンボ四七種のうち三○種がこれまでに施設内で確認されているという。

「メダカを含めて、環境庁や沖縄県のレッドデータブックに記載されているものも何種かあります」と、企画から管理まで手がける比嘉博さんは説明する。比嘉さんが沖縄の生きものについて語る時、その目はまるで少年のように輝く。

沖縄の希少生物にとって、ビオスの丘がこれから重要なジーンプール(種・遺伝子の供給地)となっていく可能性もある。施設は琉球大学などに、研究のために開放している。そのデータがまた、施設の管理や運営にフィードバックされる。そんな共振作用も期待してのことだ。

少し前まで、すぐ身近にあった自然を守り育てるために、それをビジネスとして成り立たせようとするこの挑戦を、私は評価したいと思う。自然と共生するという言葉を発するのは簡単だが、理想を実現するには泥臭いまでの営みが必要なのだ。

変貌する都市に残されたロストワールド（メダカの学校指扇分校保護者の会）

秋の初めに、大宮市指扇《さしおうぎ》地区にある湿地帯を訪れた。指扇という地名には、湿地に続く日当たりのよい傾斜地の意味があると教えてくれたのは、「メダカの学校指扇分校保護者の会」代表の和田みどりさんである。

新興住宅地を抜けると、突き当たりに草ぼうぼうの緑地があった。背丈よりも高く伸びたオギやセイタカアワダチソウの中を抜けていくと、草原や灌木の茂みの中を水路が流れており、もともと湿地だった、いや水田の跡なのだとわかる。だいぶ前に捨てられた残土が小山をつくっていた。突き当たりにうっそうとした林があり、そこは小さな段丘になっている。段丘の上の面が大宮台地になる。林にはクヌギやエノキやエゴノキに混じって、人家によく植えられるユズリハが生えていた。人が関わってきた林なのだ。

私たちは林を抜けていったん台地の上に出た。畑や農家の脇を通り、再び林をくぐるとその先に水田があった。

大宮市内を車で走っていると、小さな起伏が繰り返されることに気づく。今はアスファルトとコンクリートにおおわれてわからないが、このあたりは荒川沿いの低湿地帯で、縄文海進期には大宮台地のへりを海岸線にした奥東京湾の入江だったのだ。たくさんの小さな流れが、台地を削って複雑な地形をつくり出したのである。

人々は、台地の端に住み、低湿地を水田として利用してきた。そこはかつて、踏み込めばずぶずぶと沈む泥深い湿田、いやむしろ水の上に田があるような状態だったという。あまりに泥深く田植えができないため、籾《もみ》を直にまいて育てる「摘み田」であった。

上流にあたる桶川市の「荒沢沼の河童」の話が富山和子氏の『日本の米』(中公新書、一九九三)に出てくる。農作業に行って行方不明になってしまう人がいると、河童の仕業だとされたというのだ。命を落とす人が出るほど危険な農作業だったのか。

そのような土地で人は自然との凄絶な闘いを続けてきた。だが、いまや大宮は大都市となり、かつての面影をさがすことは難しい。指扇地区はその数少ない場所の一つなのである。

周辺の住宅地から指扇地区に足を踏み入れると、突然過去にタイムスリップしたかのような気分になる。大きなケヤキやシラカシに囲まれた農家。林の中にある小さな祠に、お供えが供えられていた。湿地を小川が流れ、地形を生かして水田のあぜが切られている。なつかしい風景だ。しかも、その風景はまだ生きているのだ。

しかし、ここも都市化の流れに飲み込まれようとしている。区画整理事業の対象地になっているのだ。そうなれば湿地はつぶされてしまう。

「メダカの学校指扇分校保護者の会」は、その危機感の中から生まれた市民団体である。ほぼ月一回の自然観察会を開催し、生物調査も続けながら、区画整理に反対する地権者の協力も得て、湿地の保護を訴えてきた。地区の自然や文化の保護を訴えるパンフレットも作成し、市内の学校などに配っている。メダカの保護にとどまらず、地域生態系への視点、自然と人との関わりへの視点が、パンフレットにも強く打ち出されている。

メダカは、湿地を縫って流れている水路に群れていた。休耕田にも。休耕田はしろかきした後、浅く水を張ったままにしてある。いわゆる「水張り調整田」という方式で、復田がたやすいので最近ところどころで見られるようになった。この方式だと、淡水魚やカエル、水生昆虫の生息や産卵にも、水田で採餌する鳥にとっても、都合がいい。

この日水田で餌を狙っていたのは、チュウサギだった。メダカではなく、大きなウシガエルのオタマジャクシを狙っているようだった。水田を見下ろす林にも、種類ははっきりとわからなかったが、何羽かのサギがとまっていた。

「ここではオオアブノメやタコノアシも見られるんですよ」と、和田さんが説明してくれた。二種とも環境庁のレッドリスト記載の絶滅危惧植物だ。この時期はすでにオオアブノメは見られなかったが、タコノアシはよくぞ名づけたりと思う独特の姿かたちで微笑を誘った。

地図を見返してみた。市街地にまぎれて、湿地の場所はすぐには発見できなかった。近くを流れる荒川では、河川敷すらゴルフ場やグラウンドに変貌している。

指扇の湿地は、都市化の中で奇跡のように残った場所である。そのかけがえのなさをあらためて思った。

「専門家や運動家がになうのではない、普通の人がやれる活動をめざしているんです」

ごくあたりまえのことを、あたりまえに伝えていきたい。和田さんのことばに、私はそんな思いを感じたのだった。

元祖「めだかの学校」に迫る危機と再生への取り組み（酒匂川水系魚類調査会）

私はずっと昔から歌われてきたものだとばかり思っていたが、調べてみると童謡「めだかの学校」が誕生したのは、戦後、ＮＨＫのラジオ番組でのことだった。

すでに書いたように、作詞したのは茶木滋さん（一九九八年没）という方で、プロの作詞家ではなく、サラリーマンを続けながら童謡を書いていたという。

「めだかの学校」は、戦後の食糧難の時代に幼い長男を連れ買い出しに行った先で、用水路に群れるメダカを見つけた体験がもとになっていると言われている。

その場所が、神奈川県小田原市だという。めだかの学校の子孫たちは、どうしているのだろうか。小田原市の平野部（足柄平野）には、かつて広大な水田地帯が広がっていた。西に箱根、北に足柄・丹沢山地、そして東に曽我丘陵と、山々に囲まれた足柄平野は、酒匂川が開いた低地帯である。水田は氾濫原を利用して祖先たちがコツコツと創りあげてきた辛苦の証である。だがその水田地帯もいまでは多くが工場や住宅地、ショッピングセンターなどに置き換わり、寸断された。そしてわずかに残された用水路の一部が、神奈川県における最後の在来メダカ生息地となってしまったのである。

もっと広々とした水田を想像していたが、現地は工業団地や住宅地に蚕食されていた。夏から秋にかけては用水路の上流にもメダカが広がるそうだが、メダカが安定的に生息しているのはたった数十メートルの間なのだ。幅は水路の両側に一列ずつ田んぼがあるにすぎない。すぐわきには大きな工場があり、その敷地と見比べると、メダカ生息地の狭さは心細いかぎりである。

なぜここにメダカが生き残ったのだろうか。皮肉なことに一帯は引き続き小田原市によって工業団地の造成が計画されており、特にメダカが生息している区域にはバイパス道路が計画されているのであった。帯状に水田が残ったのはそのためだった。つまり、ここはまさに「取り残された場所」

なのである。

幅二メートルほどの用水路に、水は豊かに流れている。農道も土のままだ。のぞき込むと、たくさんの小魚の影が見える。調査ではメダカ以外にオイカワ、タモロコ、ドジョウ、ギンブナ、ナマズなどの魚が確認されている。モクズガニ、マシジミも生息するという。こんな狭い区域に、水生昆虫や水生植物も含め、かつての水田わきの生物相が保たれている。

酒匂川水系魚類調査会メンバーで、酒匂川流域グリーンフォーラム事務局代表を務める山田純さんは、定時制高校で教えるかたわら、地域の環境保全活動に取り組んできた。魚類調査会では、一九九六年から用水路の生物調査に取り組んでいる。調査のやり方は専門家を招いて研修を受けた。現在は、ほぼ毎月データを取っており、用水路の生物相や、メダカの分布とその季節変化などについても、かなり詳しいことがわかってきた。九九年春には神奈川県立博物館と共催で、新潟大学の酒泉教授を招きシンポジウムも開いた。このような取り組みのきっかけとなったのは、やはり神奈川県版レッドデータブックへの小田原メダカの記載だったという。

会がすすめるもう一つの取り組みは、地域への働きかけである。この地区には古くからの農家が多く、それだけに水田への思いも強い。その思いをうまくプラスの方向に向けていくことができれば、用水路と水田の保全につながるのではないか。

九九年からは、山田さんを含む小田原市内に住む三世帯八人が中心となり、地区の水田を一枚使わせてもらって、米づくりを始めた。メダカが遡上できる田んぼである。用水路周辺の草刈りも自分たちで行うこととし、できるだけ除草剤を使わないよう農家に依頼した。

山田さんの次男、海《かい》さんは、夏の間毎朝のように自転車に農具を乗せて水田に通い、水の番をした。若者が水田に通いつめる姿は、地元の農家にとって新鮮な驚きだったようだ。地域を見つめ直すきっかけを、メダカは与えてくれたのかもしれない。

写真4･4 「めだかの学校」記念碑

しかし、小田原メダカの危機が去ったわけではない。もはや神奈川県最後の在来メダカを無視しての開発事業はあり得ないだろうが、一部を公園化して保護するといった小手先の対応ではなく、この環境の価値を認識し、財産として保全していくための抜本的な策が求められる。

小田原市役所にほど近く、スーパーやファミリーレストランが建ち並ぶ通りから少し脇に入ると、茶木さんが歌のモデルにしたと伝えられる、別の用水路が流れている。この用水路周辺からは、だいぶ前にメダカは姿を消してしまった。そこにはいま、「めだかの学校」の記念碑が建っている。そして、用水路に隣接して設けられたささやかな公園に「小川」が整備され、放されたメダカが泳いでいる。

水田のもたらす豊かさ(西沼メダカ保存会)

栃木県真岡市西沼地区。水田の広がるこの地区も、圃場整備が進み、メダカがすめる環境がだんだん狭められてきた。そこで地区の人々は「メダカ保存会」をつくり、保存に乗りだした。いま地区の半数以上のお宅でメダカを育てている。訪れる家、訪れる家、庭に水槽やかめや醤油樽、使わなくなった風呂桶など思い思いの容器を並べて飼育している。見事というしかない。

地区の公会堂につくった「メダカ池」にも、たくさんのメダカが泳いでいる。

だが土地改良が完了すれば、地区の水田では昔のようにメダカがすめなくなる。飼っているメダカが野外に戻れないのである。

そこで地区では県の土地改良事務所と相談して、一つの試みを進めてきた。排水路を暗渠にしてその上に土の小川を設ける二階建て方式で、生きものが水田と小川との間を行き来できるようにするものだ。下流部には休耕田を利用して池をつくる。冬場にも水を絶やさないようにして、生きものが避難できる場所とするのだ。水田地帯でも生きものとの共存、生態系の保全と復元に向けた新しい試みが、ようやく始まろうとしているのである。

しかし、生きものとの共存と一口に言っても話は簡単ではない。土のままの小川は管理がたいへんである。草刈りもしなければならない。それらの労苦を受け入れようという地区の人々の心構えがあって、はじめて成り立つことである。

夕刻、公会堂に足を運ぶと、一日の作業を終えた男たちが、集まってささやかな宴を開いていた。酒肴はドジョウ鍋である。前日に水田に仕掛けた「ウケ」（水田や水路で用いられる漁具。餌を使う場合もあるが、水田からの排水部分に仕掛けておき、ドジョウなどが夜間水路から水田に入り込む習性を利用して捕獲する。ドウマンなどともいう）でとれたものだという。

水田は米を生産するだけの場所ではない。西沼の人々の水田とのつきあい方は、かつての私たちの暮らしの中にあった多様な自然との関わりを思い出させてくれた。

農家のせがれであった私は、田んぼのまわりで遊びながら自然とのつきあい方を覚えた。年長の子や祖父に教えられながら、魚の習性を覚え、漁具の使い方を覚え、小刀の使い方を覚え、昆虫のとり方を覚えた。それは心騒ぐ楽しいひと時だったが、同時に生活のために必要な少なからぬ知識や技術を身につけるのに役立っていたと思っている。

ドジョウの味見をさせてもらいながら、私は軽い既視感に襲われた。理由はすぐにわかった。

一九八〇年代半ば、沖縄県石垣島の白保地区は、サンゴ礁を埋め立てて建設するという新空港問題に揺れていた。しかし、白保の人々はただ悲壮な反対闘争に明け暮れていたわけではなかった。夕暮れ、海辺の防風林に行くと、ウミンチュ（漁師）たちが集まって、泡盛を酌み交わしていた。おかずは、彼らが「魚が湧く」と豪語する目の前の海でとれたばかりの魚介である。興が乗り、三線の響きで歌と踊りが始まった。夕暮れの海をながめながら、私は至福を感じていた。白保の人々はこの豊かさを守るために闘っているのだった。

ふとわれに返ると、おじいさんに連れられてやってきた小さな男の子が、ドジョウ鍋の座に加わっていた。かつての水田地帯にも、白保の海のような、豊かな自然とのつきあいが確かにあった。私は西沼の人々の生活が、子や孫へと伝えられていくことを願いながら、地区を後にした。

第5章

生きもの豊かな生産の場を取り戻す

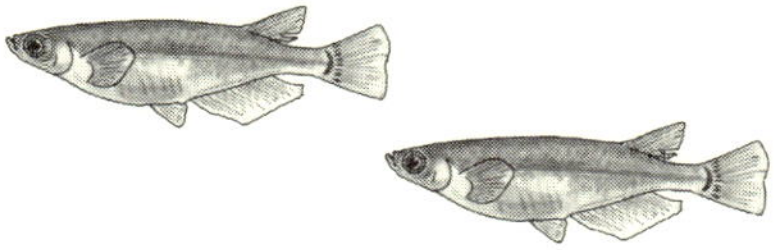

環境をありのままに見るところから

あまりにも貧弱になってしまった身近な生態系を、少しでもよみがえらせようと、わが国でもさまざまな試みが行われるようになった。たとえば河川改修にあたって、ようやく少しずつだが「近自然」「多自然型」といった工法がとられるようになってきた。しかし、実際によく見てみると、形を整えるために輸入した石材を用いたり、植栽も地域のもともとの生態系に配慮しているとは思えないケースが多々ある。これでは「多自然」ではなく「他自然」だと皮肉を言う研究者もいる。担当者も、設計者も、エコロジーの基本を理解しないまま、「自然をつくって」いるのだろうか。近自然工法の先進国ドイツでは、河川工学を学ぶ学生にはエコロジーは必修であると聞いたことがあるのだが。

はやりの「ビオトープ」(生物の生息空間)にしても、子どもたちを生きものとふれさせようとの思いは大切だが、もともと水のない台地や丘陵地上の公園に、水道水やくみ上げた井戸水を流して池をつくるなど、その場所のパフォーマンスを無視した設計や、短期間に多様な環境・生物相を整えようとして他地域から動植物を移植するケースが少なからず見られるのである。

神奈川県内の公園でトンボ池を造成したところ、もともと県内に生息していなかったトンボが発生した。トンボ池は大成功だったと考えるのは早計で、調べてみると造園業者が水生植物を近畿地方から移植していたことがわかった。発生したトンボが水生植物の組織内に卵を産みつけるタイプだったので、卵がいっしょに運ばれてしまったというのが真相のようである。

自然を演出するために造成されたこのような池や水辺を、私は「箱庭ビオトープ」と呼んでいる。個人で楽しむのはけっこうなことだと思う。わが家の狭い庭にも、何種類かのチョウの幼虫の食草を植えてあり、毎年卵を産みに来てくれるのを、私も子どもたちも楽しみにしている。学校における、このような生息空間づくりによる教育効果が大きいことも理解している。身近に豊かな自然環境が失われてしまった現在、せめて校庭に自然とふれあえる場所を設けることは必要だと考えている。もちろんこの場合でも、その地域の自然をベースにし、遠く離れた地域からの移植・放流は避けるべきである。

厳密にいえばビオトープの造成には、過去から現在にわたる地域生態系と生物相についての、綿密な調査に基づいた位置づけが必要になる。たとえば、鳥の移動を保証するためか、カエルの産卵地を創出するためか、分断された生息地間の回廊《コリドー》のためか、草地性の昆虫の生息場所を確保するためか、それらの複合かなど、補うべき要素とその理由、目的が示されるべきなのである。その観点からすると、学校での取り組みにビオトープということばを用いるのは混乱を招くので、「学習生態園」とか「学校自然園」のような呼び方が適当ではないだろうか。英語圏では「学校自然区＝school nature area」と呼んでいるようだ。

少なくともビオトープに名を借りて、地域生態系を無視し、損なうような造成は行ってはならない。まして、もともとあった二次自然を引きはがして、造成する公園の一部にさまざまな環境要素を少しずつ組み合わせてそろえることは、失われたものの大きさに比較してどれほどの意味があるだろうか。これは、本来のビオトープとは全くアプローチが違うのである。

もしある地域に貧弱な環境しかなく、少しでも自然を回復させたいのなら、そこがなぜ貧弱なのかを考えるところから、始めるべきである。それは、たいていもともとあった豊かな生態系を破壊した結果である。しかし、その貧弱な環境にも、実は少ないながらもさまざまな動植物がいる。そこを出発点として、鳥瞰的にその場所を見、その地域が自然史的にどのような推移をたどってきたのか、かつてはどういう環境であったのか、人がどのように自然と関わってきたのか、そしてどのように改変されてきたのかなどを考え、調べながら、少しずつ環境に働きかける。そして、その結果を評価しつつ、場合によっては足りない要素を補い、長い時間をかけて自然環境を豊かにしてこそ、本当の自然回復になる。形を整えることを急ぎ、手っ取り早くよそから導入すればいいという考えは、実は自然を損なう行為につながることを知らなければならない。先のメダカの放流事例で見たように、場合によっては二重、三重の自然破壊になることを肝に銘じておくべきであろう。

首都圏のある都市で緑地保全地区の整備に関わった時、市民に協力してもらって保全地区内の耕作放棄水田の一部に小さな浅い池を掘った。これは、もともとこの水田（谷戸田）周辺にくらしていたカエル（ヤマアカガエル、ニホンアカガエル、シュレーゲルアオガエルなど）の産卵場所をつくり出すのが目的だった。かつて谷戸田が提供していた浅い止水域は、カエルの産卵場所、オタマジャクシの生息場所としての役割もあった。しかし、谷戸田が耕作放棄されて時間がたつにつれ、ヨシなどの植物が繁茂し乾燥化が進んでいた。産卵場所を失い、カエルの数が減りつつあったからだ。

この緑地保全地区の整備にあたっては、畑として使われていた場所や埋め立て地以外の造成を避け、水系の多様性を取り戻すことを念頭に置いた。湧水量が多いので流水域は確保されており、ゲンジボタルやカワトンボなど流水性の生物も豊富だったが、前述のようにかつて人間が関わっていたときにあった止水域が失われていたからである。その後市民の手により谷戸田の復元も行われている。幸いなことに、季節になるとホタルはあいかわらず群舞してくれている。復元した池でカエルの産卵も確認された。

まずありのままの環境を見ること。ジグソーパズルのピースを、一つ一つさがし集めて組み立て直していくこと。時間はかかるが、そのようなやり方だけが自然を復元し生態系を再び豊かにすることにつながる。その過程が、またとない教育の機会を提供するはずである。

里山に学ぶ「共生」

「里山」とは、『広辞苑』（第五版）によれば、「人里近くにあって人々の生活と結びついている山・

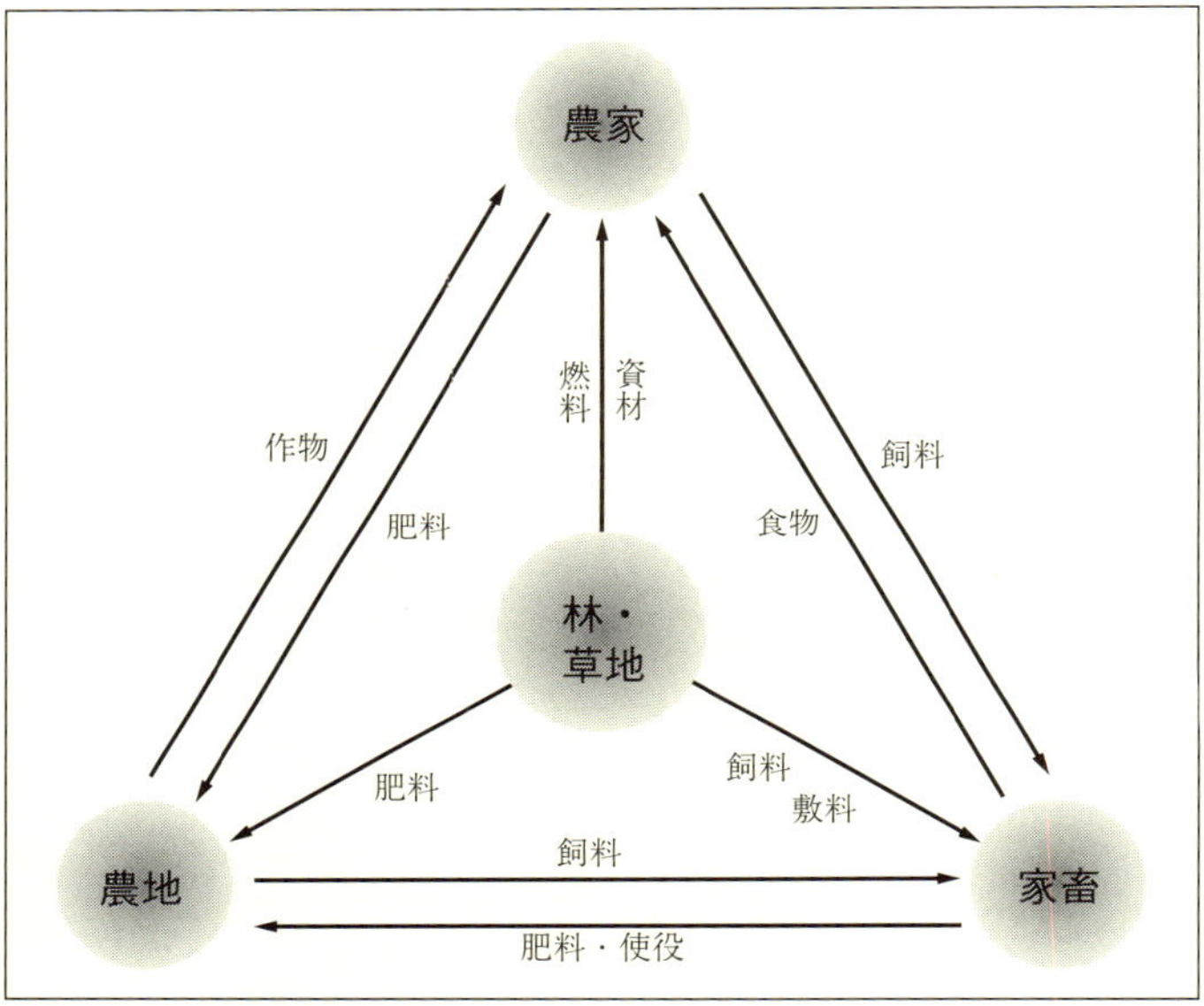

図5・1　里山の物質循環の概念図

森林」をいう。この説明は里山の実態を的確に表現していると思うが、私はもう少し幅広い概念で里山をとらえている。

かつての農村には、生産や生活のために必要なさまざまな環境がまとまって存在していた。

谷戸の集水域や農地周辺の薪炭・農用林（いわゆる雑木林）。肥料や家畜の餌・敷料、屋根を葺くためなどに不可欠の、かや場あるいはまぐさ場と呼ばれる採草地。資材やタケノコを得るためにつくられた竹林。さらに、屋敷のまわりにも防風・防火や食用の目的でさまざまな木が植えられ、それがまた資材としても利用されていた。

個々の環境も決して固定的なものではなかったようだ。平地でも林であれば「ヤマ」と呼ばれたし、切替畑《きりかえばた》といって、何年間か畑として使った後は、林に戻して地力を回復させることも行われた（これはいわゆる焼畑であるが、焼畑という呼称には林を焼き払うという行為だけが強調されるきらいがある。同じ場所を林と畑として交互に使っていた持続的な土地利用技術という意味で、切替畑という呼称の方が実態をよく表していると思う）。かや場といっても、アカマツやコナラが混じる疎林だったところもある。

このようにかつての農村では、周辺環境が集落や農地と一体になって物質循環を支えていた。つまり里山とは、合理的な土地利用に基づいた有機的なネットワークといってもよいだろう。図5・1は、それを模式化したものである。中央部が狭義の里山にあたる。もちろん実際にはもっと複雑な体系になっていただろうし、地域によって条件が違えば、また違った形になったであろうが、基本的にはこのようなシステムが成り立っていたのである。

このような伝統的な農村環境は、人力とせいぜい畜力を用いて、太陽の恵みをもとに生産を維持し続けていくという前提でつくりあげられた一つの技術体系であり、文化である。それがまた、まとまりのある景観をつくってきたのだともいえる。

さらに細かく見てみよう。

雑木林は、燃料や資材、肥料を手にいれるために管理されてきた。今風にいえば、バイオマスエネルギーを生産するためのエネルギー林である。

写真5・1　コナラの切り株からの萌芽

雑木林は一定のローテーションで切られた。クヌギやコナラを主体とした関東の雑木林（薪炭林）の場合、およそ一五年から二〇年のサイクルで、一〇～一五センチメートルの太さに育った木を切っては、切り株から伸びてくる萌芽《ほうが》（ひこばえとも呼ぶ。写真5・1）を育てる「萌芽更新」という方式で管理されていた。これらの木々は、地下にたっぷりと養分をたくわえているため、実生から育てるよりずっと生長が速いのである。

萌芽更新によって、切られたばかりのほとんど草地に近い林から、十分に育った林まで、さまざまなステージの林が同時に存在することになった。そのモザイクが若い林を利用するもの、ある程度成熟した林を利用するものなど種々の動植物の共存を可能にした。

一定面積の雑木林が切り払われると、いままで暗い林床で抑圧されていた植物が太陽の光を受けて芽生えてくる。日射によって地表が温められ、林床に堆積していた腐植質の分解が進むため、土壌に栄養分が増える。土壌中で休眠していた種子や、地下茎などの栄養体は、日射と養分を得て急速に伸長する。

リンドウは雑木林の林縁に咲くことが多いが、林が切り払われると林床のそこここから茎を伸ばし、多くの株を開花させることがある。丘陵地を歩いていて伐開地にリンドウのお花畑を見つけた時は、自然の営みの巧妙さにしばらく目を奪われた（もっとも、栽培されたリンドウのように立派な花をたくさんつけていたわけではない）。しかし、翌年には木々のひこばえや他の植物が育ってきて、リンドウはほとんど消えてしまった。

雑木林が切り払われ、日当たりがよくなることで、ほかにもヒヨドリバナやアザミなどさまざまな植物が花を開く。そこに多くの昆虫が吸蜜に訪れる。雑木林のチョウには、林のふちや適度に日があたる伐開地のような環境を好むものが多い。

チョウは種類によって幼虫の食べる植物が決まっている。雑木林のチョウでも、オオムラサキの幼虫はエノキの葉を食べる。ウラナミアカシジミの場合は、おもにクヌギである。コナラのひこばえに好んで卵を産みつけるのは、オオミドリシジミだ。これに対して、ミズイロオナガシジミはコナラやクヌギの大木を好む。

コナラやクヌギの若い幹を傷つけ、カミキリムシが産卵する。その傷跡から樹液がしみ出せば、夏にはカブトムシやクワガタムシ、オオムラサキなどが集まる樹液酒場となるだろう。一方、十分に生長した木々の枯れ枝や枯れた幹も、カミキリムシやクワガタムシなど甲虫類の幼虫には欠かせない。それらはキツツキ類をはじめとする野鳥の餌になる。

このように人為の加わった多様な環境が、雑木林の生物相を豊かにした。

かつては、樹林地の斜面や農地の脇の、いわゆる畦畔《けいはん》（あぜ）などが採草地として利用された。水条件・土壌条件が悪く畑として使えない台地や尾根も採草地として使われた。萌えだした春草を刈って田にすき込むのが、春の田起こしの前の一仕事であった（生の草や枝葉を田畑にすき込んで肥料にすることを「刈り敷き」と呼び、化学肥料が普及するまで広く行われていた）。秋には、十分に伸びたススキやチガヤなどのイネ科植物が刈り取られ、屋根を葺《ふ》く材料となったり、家畜小屋の敷き草にされたり、冬場の家畜のエサとして保存されたりした。それらも、やがてまた農地の肥やしとなった。

こうした利用圧によって、草地は安定的に維持され、秋の七草に数えられたオミナエシやフジバカマのような、人間に利用されてきた草地環境に特徴的な植物群落も維持されたのである。そしてこうした草地には、バッタ、キリギリスやコオロギの仲間の昆虫がとりわけ豊富だった。秋の花とともに虫の音《ね》を愛でる日本人の感性は、このような草地がつくりあげたに違いない。

一方、一種の聖域としてほとんど切られることのない神社や寺の鎮守の森は、シイやカシ、クスノキなど常緑の大木の森である。大木に空洞ができれば、フクロウ類が巣をつくることができる。

意図していたわけではないが、かつての里山では、人の手によって自然遷移の停止や引き戻し、促進といったコントロールが行われていたのだ。

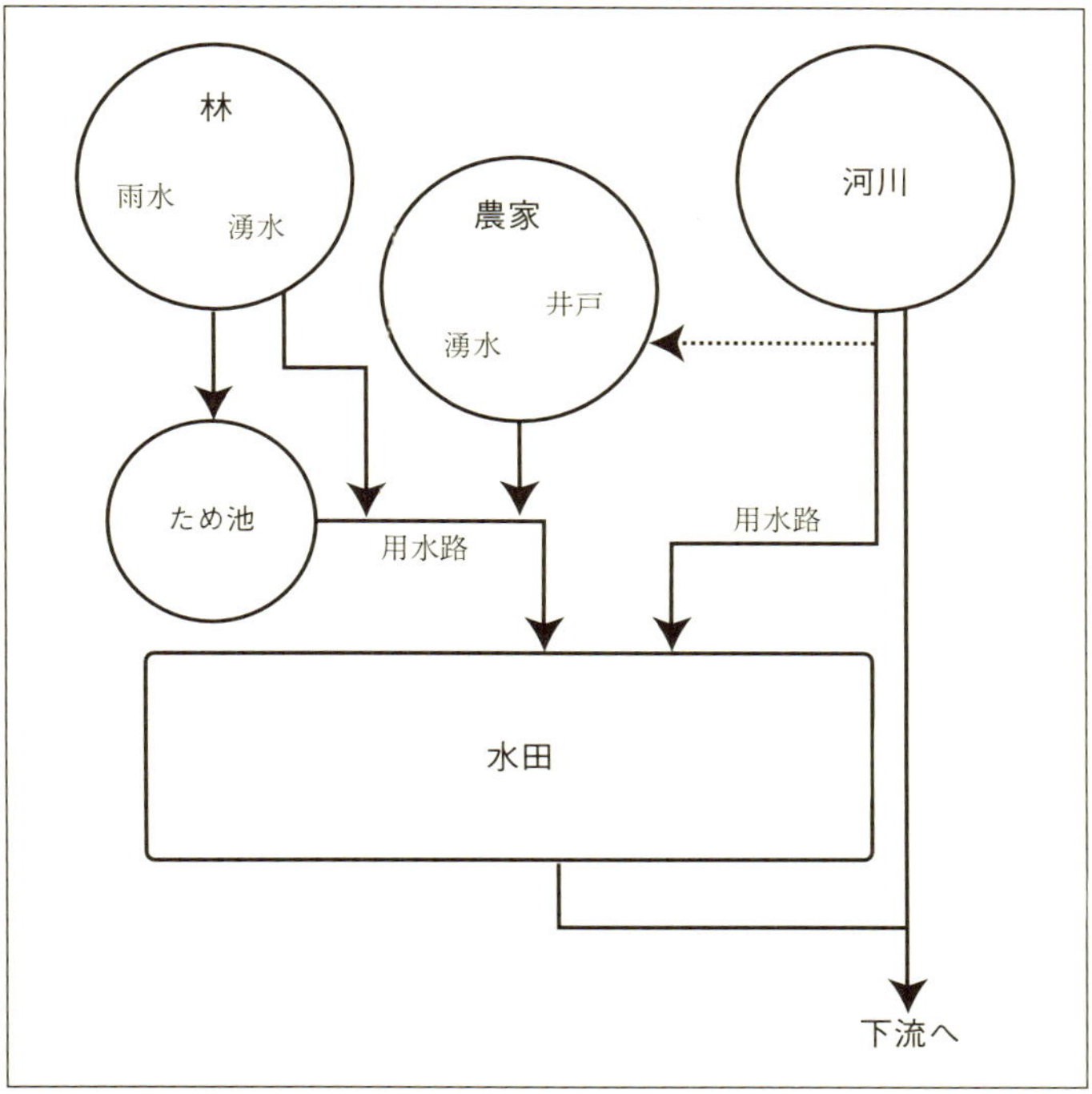

図5・2　里山の水系利用概念図

　さて、この系の中を、水はどのように流れるのだろうか。水源林でもある雑木林に降った雨は谷に集められ、ため池となる。土中にしみ込んだ水も、湧水となってため池や水路の脇からしみ出す。これらの水は水田に引かれ、上流から下流へと田をうるおし、地域の水系へと流される。民家では井戸水をくみ上げたり湧水を使って生活用水として いたが、その排水は細い溝を通してやはり水田地帯に引かれた。生活排水は灌漑用水を補い、含まれる養分もむだにせず肥料としたのである（図5・2）。

水田からは米はもちろんだが、稲わらという大切な資材も得られた。稲わらは燃料となり、縄や俵を編み、短く切り刻んで土壁のスサとし、屋根や畳の材料となり、家畜の餌となり敷き草となった。使われた後は肥料として田畑に返された。

水田や水路から得られたドジョウやフナ、ナマズ、タニシ、シジミなどは重要な動物性食品であった。かつては子どもたちが遊びとしてとった魚介類も、食卓に上ったのである。これらの「獲物」は、基本的には水田やそのまわりの水路の栄養分によって育ったものである。米のほか、稲わらを資材として使ったり、魚介類を食べることで養分を上流側に戻すという効果があったはずである。

一方、平地の水田地帯でも、河岸段丘の斜面や河川の堤防が雑木林や採草地として使われたり、河川・湖沼の水草や流れ藻、あるいは底泥を水田に運んだりして水田の養分を補っていた。そして、川や水田の周辺で採れる魚介類が利用されていた。水田のあぜでは、ダイズやアズキなどの豆類が栽培され、共生する根粒菌の働きで水田にチッソ分を補った。

「山」はなくとも、地域で得られる資源を使った生産と生活が行われていたのである（図5・3）。

このようにして、比較的狭い地域の中で物質循環を成立させながら、基本的には太陽エネルギーの範囲で生産を維持していたのが、かつての農村地帯のあり方であった。また、それが地域に独特の文化や景観をつくりあげていたのである。

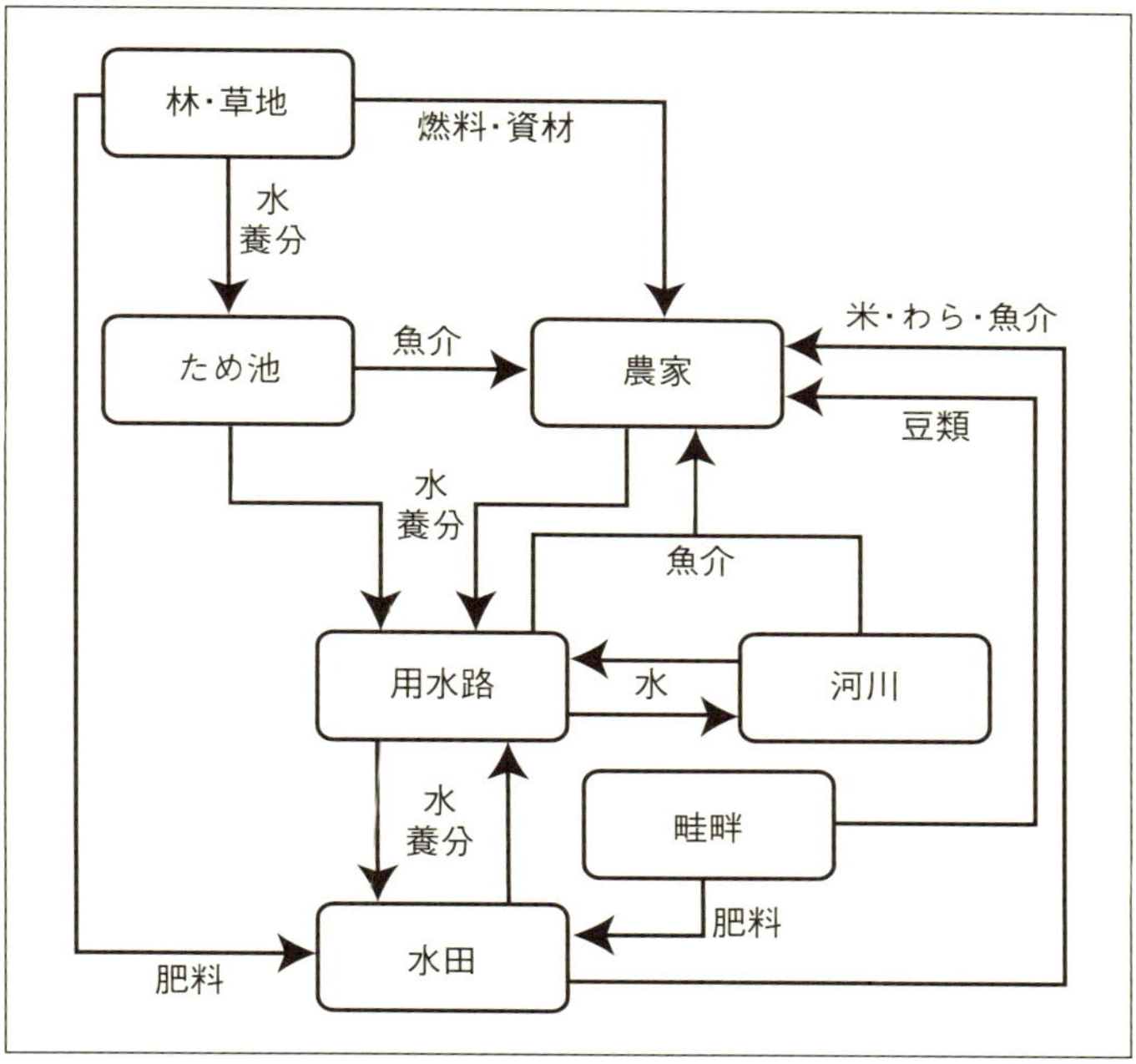

図5・3　水田地帯の物質循環

私たちは人間の営為が環境を破壊し、生きものを追いやると考えがちだが、すでに見たように、かつての水田や雑木林には多くの生きものがすんでおり、多様な生態系を築いていたのである。これらは長い時間をかけてできあがった、人とともにあった自然である。自然との共生を考えるなら、ついちょっと前まであった農村の風景の中にそのヒントがある。

メダカを保護してはいけない

メダカは誰でも知っているし、また小さくて愛らしい魚なので、

「メダカの生息地がなくなる」というと、保護しよう、飼育しようということになる。そのことを否定するものではない。しかしその環境にはメダカ以外にも多くの生物が生息していることも忘れないでほしい。何度もいうようにメダカの飼育はそれほど難しくはない。小さな容器でも、たまり水でも、生きて代を重ねることができる。しかしメダカと同じ環境にくらす生物が、皆そのように簡単に飼育できるわけではない。

ホタル（ゲンジボタル）も各地でそのようにして保護されてきた。少なくなった発生地を守ろうと、保存会が結成され、発生地を保全し、公園化されたところもある。皮肉なことに、その結果ホタルが減少したところも少なくないのだ。発生時期にはホタルの鑑賞会が開かれるとなると、ホタルがいなくては話にならないので、幼虫の餌のカワニナ（淡水にすむ巻き貝）を育てるために水路にキャベツをまくといった話から、カワニナを放流する、あげくはホタルを養殖し、幼虫を放流することまで行われるようになった。ここにはホタル以外の生きもの、トータルな生態系への視点は見られない。これは野生生物のペット化であって、自然保護や生態系の保全とは大きくかけ離れている。

考えてみてほしい。かつての水田や谷戸でホタルが発生していたのは、そのように意図していたからではない。米づくりのために田を耕し、水路を管理していたことが結果的に適度な攪乱となり、ホタルの発生にとって都合のよい環境が保たれた。そもそも人里の生きもの（農業生物）は全てそのような条件に適応して、絶妙なバランスの中で生きのびてきたのである。

これはメダカにとっても同じである。

私はあえて言う。「メダカを保護してはいけない」と。メダカだけを保護するのでなく、メダカのいる環境を保全し、あるいは復元しなければ、ほんとうにメダカを守ったことにはならないからだ。

恐れるのは、メダカだけに目がいってしまい、その環境にいる他の多くの生きものがないがしろにされることである。メダカだけを守ろうとすれば、庭の池で飼うのと大差はない。一部ですすめられているように、水族館や淡水魚飼育センターのような施設で希少淡水魚を飼育保存することも、最終手段としてやむを得ない面もあるが、それを目的にしてはならないことを強調しておきたい。研究施設の水槽におさめ、あるいは遺伝子を冷凍保存すれば、種を保全したことになるとは、私には思えないのである。人間と自然との関わりを教えてくれるのは、さまざまな生きものとつながりあっている野にすむメダカなのだ。

前章で紹介したいくつかの団体のように、環境や生きもののつながりへの意識を持ち、野外での継続的な生息と復元をめざすことがまず重要だと思う。そのためには、やはり第一に、メダカが生息している環境をそのまま保全することを考えなければならない。次にはそこを「どのように」保全するかだ。人里の生きものは人間も含めたつながりの中で守られてこそ、ほんとうの意味で生きていけるからである。

メダカを含めて、水田とその周辺を生息地とするありとあらゆる動植物を保存しようとすれば、かなりの面積を使いほぼ同じ条件の環境を用意しなければならない。そしてその環境を維持していこうとするなら、相当な労力と資金を必要とするだろう。

たとえば水田地帯の一部に伝統的な水田環境を復元し、野外博物館のように保全することはそれほど難しいことではないに違いない。しかし、行政が税金を使って、あるいはボランティアの力によって維持していくだけでは、前述したホタルの例のように、どこかで行きづまると思われる。水田生態系とその広範なネットワークをよみがえらせるには、健全な生態系によって生産力が維持されていくしくみが必要なのである。水田は米を生産するだけの場所ではないが、水田の目的はやはり米を生産することだからだ。メダカの生息のために米を作るのではなく、米を作り続ける中でメダカが生きていけるしくみを築いていかなければならない。

生態系保全農業への転換を

地球は生命の星である。生物間の複雑な相互作用によって、その恒常性が維持されている。そのバランスを保つのが生態系であり、生態系を安定させているのが生物多様性である。

第二章でも述べたように、生態系は人間にさまざまな恩恵をもたらしてくれる。食糧だけでなく、燃料も住居も衣類もさまざまな資材も薬品も、人間の存在を支えるほとんどが生物そのものか、生物由来のものである。石油ですら、もともとは生物が固定した過去の太陽エネルギーである。健全な生態系があって私たちの生活が成り立つことはこれからも変わるはずがない。閉じた施設の中での野菜工場・家畜工場のような生産形態が成り立つのは、外部からのエネルギー・資源の投入があるからである。

戦後の農業は、生産の場と人の生活を切り離す方向に進められた。水田は効率よく米を生産するために整備されてきた。今水田地帯では、品種も均一化され、農作業はきわめて画一的に行われる。いっせいに田植えをし、いっせいに病害虫防除をし、そして、いっせいに刈り取る。

このような単一品種による稲作の行き着く先はどこか。一九九三年、日本列島は北海道・東北地方を中心にひどく寒い夏を経験した。まれにみる大凶作。しかし、佐藤洋一郎氏（静岡大学教授）はこの凶作も人災だったかもしれないと指摘する。ササニシキ、あきたこまち、コシヒカリと特定のブランド米に作付けが集中し、作付け期間も均一化した結果が、あのような大凶作につながった可能性があるという（佐藤洋一郎：『森と田んぼの危機《クライシス》』、朝日新聞社、一九九九）。

稲の単一作に加えて、稲作の中の多様性が失われた結果が、凶作をもたらしたといえるかもしれない。しかも、第三章でみたように、ブランド米はいもち病などの病害に弱いため、どうしても農薬散布量が多くなるのである。

かつての水田地帯は、地域に合った個性ある品種をいくつも持っており、東北など冷害常襲地域では、当然冷害に強い品種が作付けの中心だった。また作業が重ならないように早稲《わせ》や晩稲《おくて》など、さまざまな品種を植えていた。つまり地域地域が、多様な品種と栽培技術をもっていたのだ。それが結果的には危険分散にもなっていたといえるだろう。

これに対して現代の農業は、食味のよい単一品種を効率よく生産する工場に、水田をつくり変えることを目指したのだった。しかし、収量の向上は米を余らせ、減反という生産調整が恒常化するという皮肉な結果となった。一方ではとうとう貿易自由化の流れには抗せず、安い外国産米の圧力にさらされることになった。

農業と工業の技術や工程には、根本的な違いがある。工業においては、原材料(部品)を生産設備に投入して、製品をつくる。生産設備はできあがる製品の製造にとって、最も効率的なように設計・構築される。インプットとアウトプットの関係は明快で、プロセスはわかりやすい。

ところが農業は、生態系の一部である農地(水田)が生産基盤である。農業生産に関わる要素は数限りなく、そのプロセスは複雑で、生産管理は工業に比べ格段に難しい。

そこで、水田を生態系から切り離し、単純に、インプット→生産設備→アウトプットという生産工程を農業に持ち込むために行った「設備投資」が、圃場整備事業であったといえるだろう。つまり、図5・4に示すような一方通行の構造をつくりあげようとしたのである。これを、前掲の図5・1や図5・3と比較してみてもらいたい。循環の構造は失われ、環境に廃棄物や汚染がたまっていくことは避けられない。そして、生産基盤である水田の生態的機能は失われていく。

このような構造には、農業以外の産業の存在が欠かせない。主なものだけでも、肥料工業、農薬工業、機械工業、土木建設業、そしてそれらを支える金融・流通業……。いや、むしろ周辺産業の存在が大きくなって、水田そのものを、生産の場から、消費のための場に変えてしまったという見方も否定できないと思うのだ。つまり、米はいまや農産業複合体《コンプレックス》から生まれる副産物にすぎないのかもしれないのである。後述するように、多くの農家が実質赤字の中で米をつくっていることを考えると、さほど暴論ではないように思う。

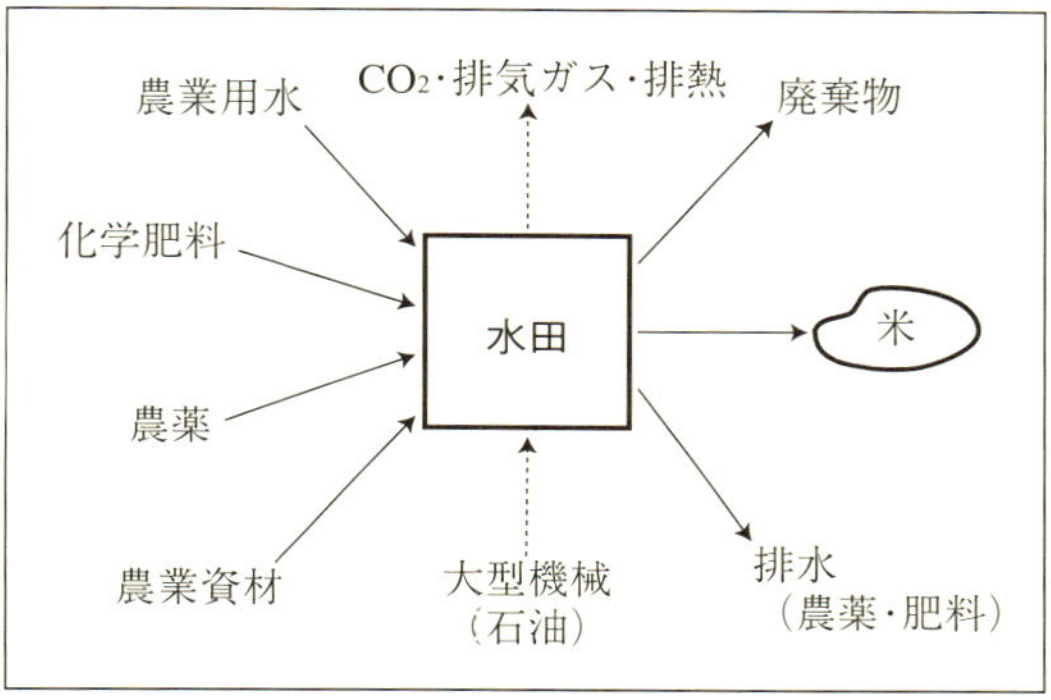

図5・4　現代農業における工業的プロセス

そして、この図をながめながら考えると、現代の稲作は、機械を動かすエネルギーをはじめ、資材も肥料も農薬も工業製品であり、石油がなければ稲作が維持できないということが、はっきりとわかるのである。生産手段を輸入に頼っている限り、いくら米や食糧の自給を言っても意味はないだろう。石油が途絶えれば、米の生産も途絶えるだけだ。もし大型機械が使えなくなったら、大区画水田をどうやって耕し、ならしたらいいのだろう。

米の生産のために直接・間接に投入される化石エネルギー（主として石油）の量と、それによって得られる米のエネルギー（カロリー）量との関係は、いろいろな試算があってはっきりとは言えないが、私たちが食べる米の大部分が「石油漬け」であることは間違いなさそうだ。

もう一つの問題は、生態系の劣化である。環境の悪化に最も敏感なのは、その環境から恩恵を受けている人々だ。恩恵とはすなわち食糧や資源といった恵みのことである。文字通り生活の糧だ。たとえば漁師・猟師や山菜・キノコ採りで生計を立てている人々にとっては、環境の悪化（生態系の劣化）はストレートに減収につながる。本来農民もそうであったと思う。米を作るだけでなく、複合的に水田地帯を利用していたからだ。そもそも、農民といっても農業だけで食べていたわけではないのである。

忘れてはならないのは、人間も生態系の一員であり、本来地域生態系の頂点にいるということである。地域の環境が悪化し、生態系が貧弱になれば、本来その影響は免れないはずだった。だが、現在は食糧とその生産手段（資源・エネルギー）が外部から運ばれてくるため、地域生態系の劣化が自分自身の環境問題だと、自覚することができないのである。

しかし、そのような状態がいつまでも続くものではない。石油はいつか枯渇するし、大気汚染や二酸化炭素の排出による温暖化をくい止めるためにも、石油をこのまま際限なく使い続けることは許されなくなっている。

世界的に見ても、主な穀類の土地生産性の伸びはすでに頭打ちになっており、しかも新たな耕地を開発しようとしても、条件のよい土地はもうあまり残っていないし、水資源にも限界がある。工業化に伴い、食糧輸出国から輸入国に転換していく国もある。九九年一〇月には、世界人口はとうとう六〇億人を突破した。この急激な人口増加に対応するだけの食糧増産は、次第に難しくなっている。

長期的な話だけでなく、短期的にも、気候変動などの自然要因や戦争などの社会要因によって、食糧需給が逼迫する時は必ず来るであろうが、そのとき日本が優先的に食糧を売ってもらえるという保証は、どこにもないのだ。

私たちはどこかで、自前で食糧生産を持続させる技術と生産基盤を再構築しなければならない。人間と地域生態系とのゆがんだ関係を修復し、地域の物質循環の中に人間を組み込み直していくような試みが、これからは必要なのである。その土地本来の生産力を最大限引き出す、地域独自の技術、すなわち「農法」を育てるべきなのだ。

あえて繰り返すが、エネルギー林であるかつての雑木林の生物相の豊かさも、米を生産する場であるかつての水田の生物相の豊かさも、人間が利用し、管理し続けてきた結果である。

里山のシステムに見るように、人の生活を支える生産活動＝生業と地域の自然環境を両立させることが可能であることを、すでに私たちは経験してきたのである。生態系に配慮したやり方の方が持続可能性が高いことにも、私たちは十分気づいている。それが現代の技術やシステムの下で不可能なはずはない（その意味では雑木林をレクリエーション的に管理して利用するだけでなく、再生可能な資材やエネルギーの供給源としてとらえ、利用していくシステムを構築する必要があることも強調しておきたい）。

もともと水田稲作は、湛水することによって連作が可能になり、肥料の投入も少なくてすむ優れた農法なのである。洪水防止や地下水の涵養、脱窒作用（硝酸イオンや亜硝酸イオンを窒素ガスとして大気中に戻す働き）など、水田のもつ環境保全効果もあらためて見直されている。

農薬や化学肥料の多用によって、汚染をもたらしてきた環境破壊型農業への反省から、わが国でも心ある農業者たちと消費者の連携によって、有機農業運動が着実に歩みを進めてきた。一方、農林水産省は、新しい「食糧・農業・農村基本法」の柱の一つとして、「環境保全型農業」を唱え始めた。

農林水産省の定義によれば、環境保全型農業とは、「農業の持つ物質循環機能を生かし、生産性との調和に留意しつつ、土づくり等を通じて、化学肥料、農薬の適正施用等による環境負荷の軽減に配慮した持続可能な農業」ということである。

いかにもお役所風の文章には苦笑するほかないが、この定義には前提に大きな誤りがある。物質循環機能は農業が持っているのではない。生態系が持っているのである。そもそも農業は、生態系の持つ物質循環機能を利用して食糧を生産してきた。その限りでは、農業は「応用生態学」といってもよかった。しかし、すでに見たように、現代の農業は生態系の制約を外部からの物質投入によって乗り越えようとしてきたのだった。

健全な生態系があってはじめて、物質循環機能が十分に働くのである。持続可能な食糧生産のためには、いまこそ、生態系保全農業というものを真剣に考えなければならない。少なくとも、水田とその周辺において健全な生態系・生物多様性を取り戻し、保全しようという試みは、現代の農業そして社会の抱える問題にとって、一つの解決の道筋を示すものであると、私は確信している。

水田生態系の保全と復元に向けて

水田地帯の生物多様性の保全を考えたとき、アプローチは二つある。もし、幸いにしてまだ生物相が保たれている水田があるならば、そこを保全することが第一である。

いま自然の危機は「原生的自然」にばかりあるのではない。日本においてはむしろそのような自然はまれで、多くは人が関わってきた自然なのである。

そのようなあたりまえの生きものと生息環境が危機にあるという認識を、まず私たちは持つ必要がある。「こんなもの珍しくも何ともない」と思っていた生きものが珍しくなってしまったことに、この二〇〜三〇年の破壊のすさまじさが現れている。年輩者がなつかしいと感じるような環境と生物相が残っているなら、それだけでそこはすでに希少な場所だといえるだろう。そこにメダカがもし生き残っているならば、他の絶滅危惧種も生き残っている可能性がある。きちんと調査を実施したうえで、適切な保全措置をとる必要がある。そのような場所は、失われた地域の生物相にとって「箱船」のような存在だからだ。

調査は、動植物相、わき水などの水条件、水質、水田の耕作状況、水路管理状況などを把握するために行う。動植物相は、季節変化やその場所を一時的に利用するものもあるので、年間を通じて行うことが必要である。専門的な調査には、地元の博物館や自然保護団体などに協力を求めるとよいだろう。

次には、この生息地を起点に、少しずつ生息可能な場所、移動経路を広げていくことが必要だ。残された点と点を結ぶための「線」を整備し、「面」へと広げていく作業である。

そのために必要なのが、第二のアプローチ、すなわち圃場整備によって失われた環境の多様度やエコトーンを復元していくことである。

五割以上の水田がすでに圃場整備済みであることを考えると、圃場整備が完了した水田を全てとのような形態に戻すことは現実的ではないと思われるかも知れない。しかし、全てを一度に行う必要はない。むしろ現状を少しずつ改善し、時にはやり直しつつ、生きものを呼び戻し、水田生態系を復元していく方がよい結果を生むかもしれない。これは圃場整備によって失われた自然の機能を元に戻していく、リハビリテーションのような作業なのだ。

その場合、少なくとも水田とその周辺に次のような条件が満たされれば、メダカをはじめとする生物の生息条件が、かなり改善されることは間違いない。

①水路と水田の間で水生生物の移動が可能なこと
②地域の水系（河川）と用・排水路間で生物の移動が可能なこと
③冬季に水路の少なくとも一部に水が残っていること
④水路やあぜをコンクリートやシートで固めず、また直線的にしないこと
⑤水路に植生が復元可能なこと
⑥水深、水温、植生、底質や護岸などに変化があり、さまざまな環境がそろっていること

具体的にはどうしたらよいだろうか。以下は、いくつかの提案である。

農業用水の通年通水

冬季に水がなくなることはメダカのみならず、ほとんどの水生生物にとって致命的である。現在の農業用水では、稲作期間以外は水門を閉めて通水をやめてしまうところが多いが、河川管理者と調整し、これをわずかでも通水させることができないだろうか。防火用水や生活用水として通年通水しているケースは全国にあるし、私の知る限りでも、埼玉県江南町や熊本県竜北町など、ホタルの発生地でその保護のために通年通水を実施している場所がある。これを、水生生物全般の保護のために活用することを考えてもよいだろう。ただし河川自体の流量の減る時期であるので、河川下

流部に影響が出ないことが前提である。

ポンプアップによる循環灌漑

河川が近いのであれば、用水路や水田に水をくみ上げて冬の水源とすることも可能である。また休耕田を利用して雨水をため、その水を循環させてもよい。ポンプの電源には、太陽電池や風車を利用することができる。

農村集落排水の水田への導入

農村集落排水（農村地域の下水道）などの処理水を、農業用水を通じて水田に導くことが考えられる。これには多少抵抗があるかもしれないが、集落排水の処理水を水耕栽培によって高度処理する研究もあり、窒素やリンの二次処理として水田や休耕田を組み込むことは考えられる。少なくとも農村集落排水は、流域下水道にくらべ小規模で関係が見えやすい。かつてあった地域での物質循環の再構築につなげることは可能ではないだろうか。

水張り調整田の活用

しろかきし、水を張ったままで休耕するのが水張り調整田で、復田が容易なことと、生物の生息

図5・5　足場を利用した小動物の隠れ場

空間として利用できるというメリットがある。シギなどの渡り鳥が水張り調整田を利用することから、神奈川県内で野鳥観察田として利用している例がある。無農薬で管理し、自然観察などに活用する多面的機能水田として補助金が上乗せされるしくみだという。野鳥観察田は、当然水田の淡水魚相の保全にとってもメリットがある。そのまま冬場にも水を張ったままにしておくことで、水生生物の越冬が可能になる。

淡水生物と野鳥との共存のためには、休耕田の一部を除草せずにおき、管理や観察のための簡単な足場を設けてやれば、魚の隠れ場になる(図5・5)。

用・排水路の近自然化

水生植物は魚類の産卵場所や隠れ場所としての機能に加え、水流を弱める働きがあり、茎や葉に

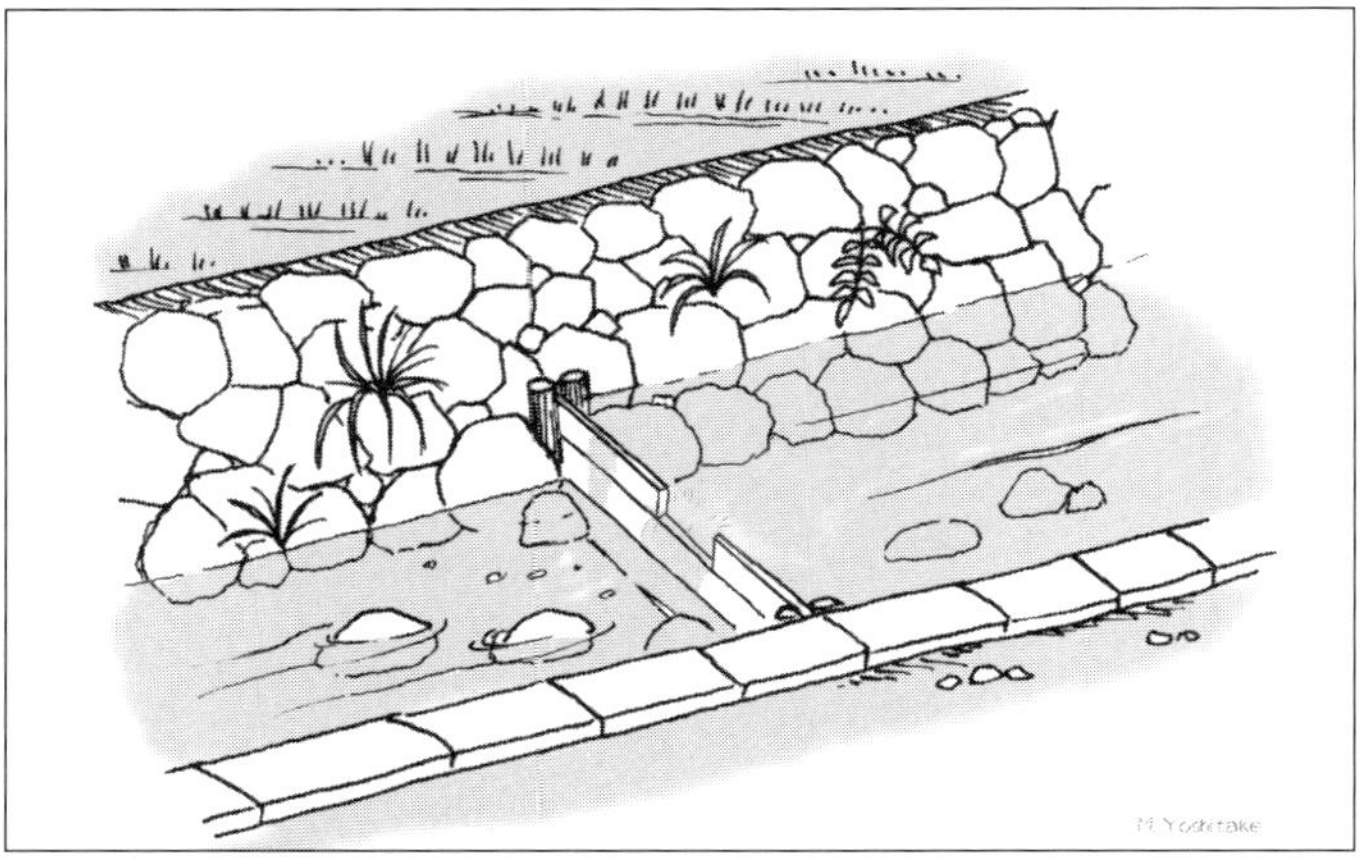

図5·6　空石積みの用水路と置き石・堰により環境に変化をつける

つく微小生物が餌となり、魚類の越冬にも役立つ。コンクリート三面張りの水路では生物の種類も数もきわめて限られるが、第三章で見たように、そのような水路でも泥がたまり、植生が復活するとさまざまな水生生物が見られるようになる。

河川における近自然工法のように、流れに緩急をつけ、植生を復元することで、用・排水路の生態系は格段に豊かになる。

排水路はそもそも水を早く流し去るためのものである。その意味では現状の直線的な排水路にそのままにするにしても、とにかく底面だけでもコンクリートをはがすことだ。植物も生えるし、ところどころに大きな石を置いておけば、流れに変化をつけることができる。できれば護岸も石積み、それもコンクリートで裏打ちしない空石《からいし》積みとすればなおよいが、管理上難しければ、水に浸かる底の部分だけでも石積みにしたい。河川で使われる蛇籠《じゃかご》（網上のワイヤーで石を押さえる工法）などを利用して、石を置くだけでもいい。このような石のすき間に好んで生息する魚や小動物も多いからだ。ところどころに小さな堰を設けるのも効果があると思われる（図5・6）。

コンクリート護岸の一部をはがし緩傾斜護岸とする部分を、ところどころに設ける必要もある。そこに植生を復元し、傾斜を緩やかにすることで、生物の移動が保証される。水路に落ちたヘビやカエルも抜け出すことができるようになる。

このような工法を水路全体に施すのが理想であるが、可能な場所を見つけ、一部を改変するだけでも効果は小さくないと思われる。

水田に接続する魚道

問題は、排水路と水田との段差が大きく、連絡が失われていることだ。このために魚が産卵のために水田に遡上できない。そこで、水田に魚道を設けようという試みも始まっている。

宇都宮大学農学部の水谷研究室では、排水路から水田にドジョウを遡上させる図5・7のような魚道を考案し、その効果を調べている。この魚道は取り外し式で、水田通水時に排水路に斜めに差し掛けて水田の排水を流し、魚を水田に遡上させようというものだ。メダカも遡上可能だという。これはもちろん、もう少し恒久的な魚道にすることもできる（図5・8）。ただ、暗渠排水の水田では

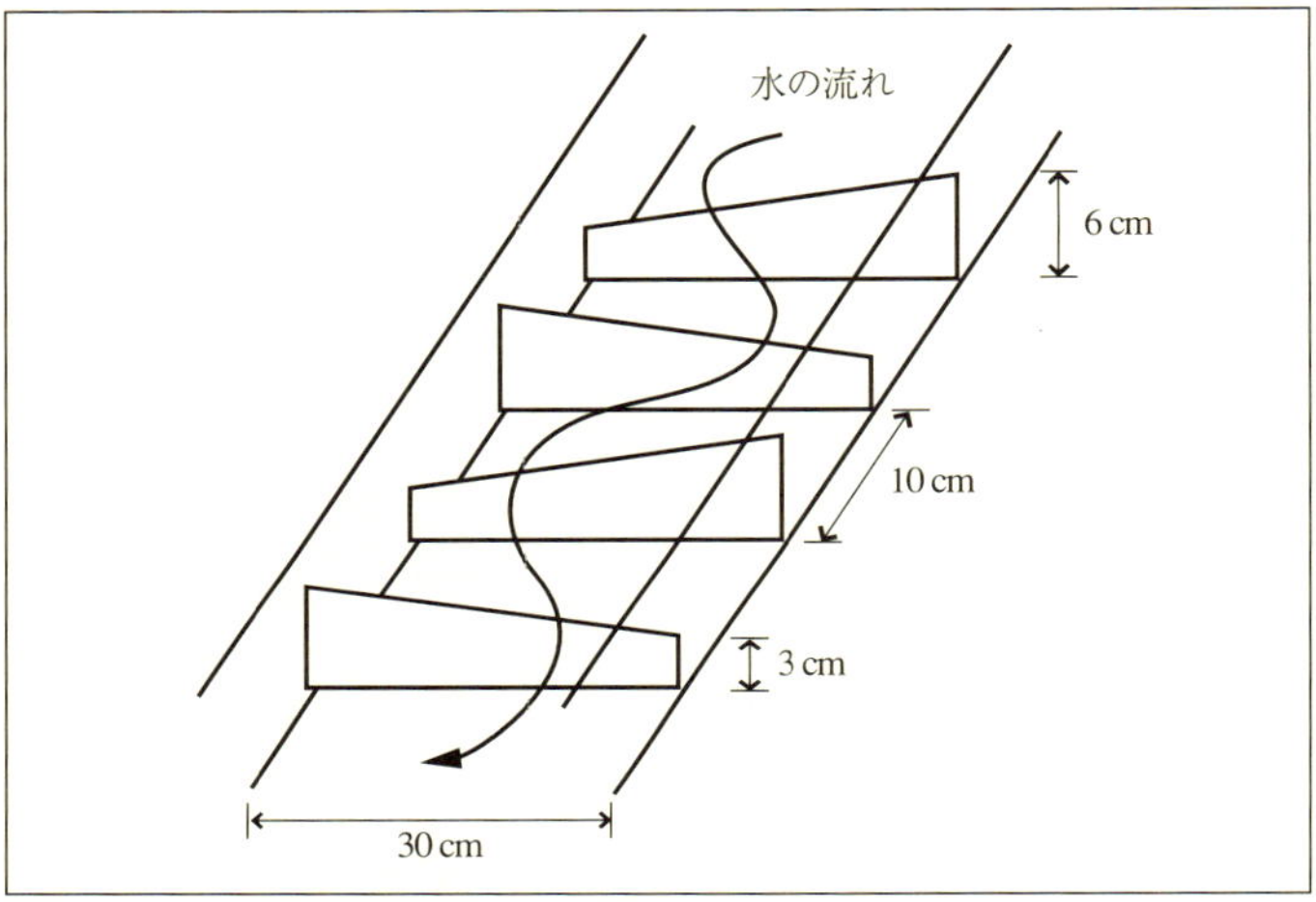

図5·7　ドジョウやメダカの遡上のための水田魚道
（水谷正一：「ドジョウの水田への遡上」、『せせらぎ 17号』、（社）農村環境整備センター、2000）

図5·8　排水路と水田の間に魚道を設ける

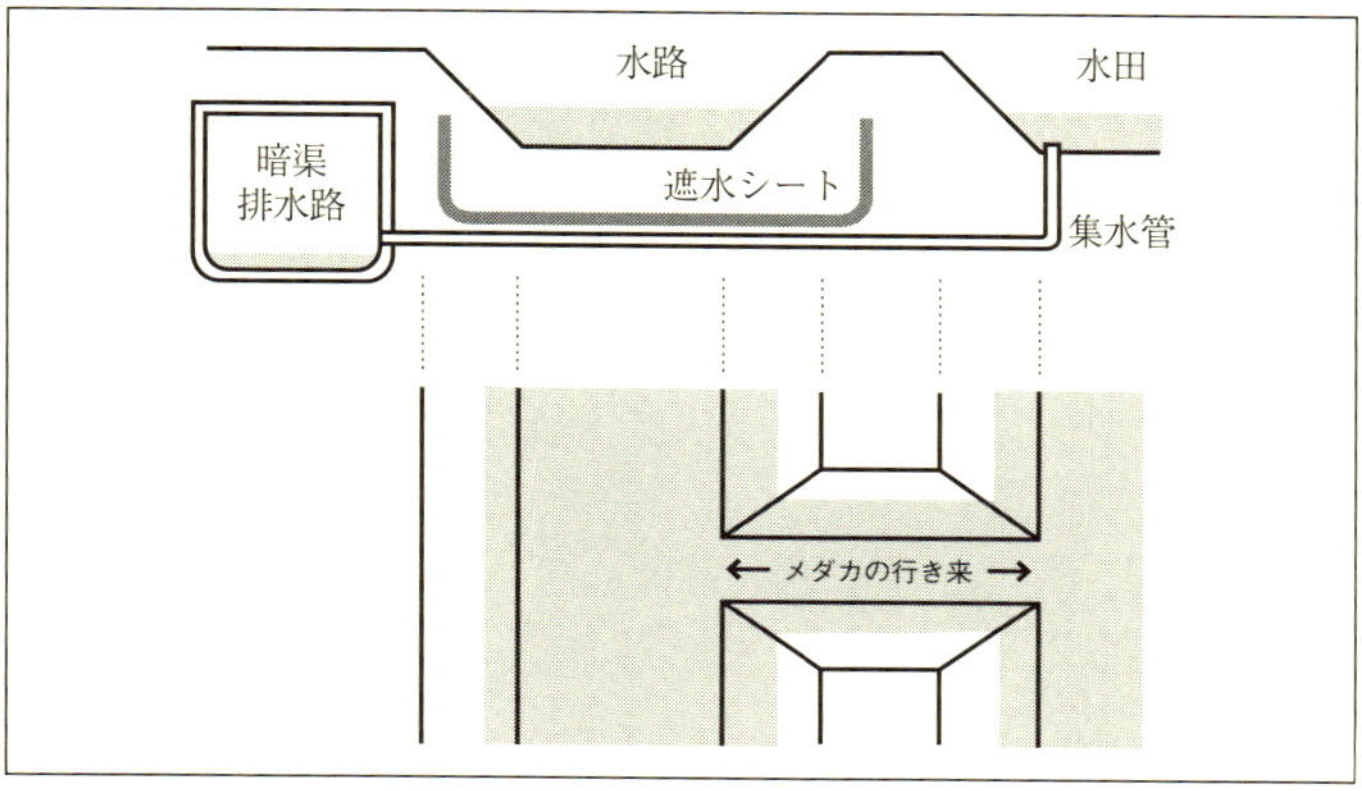

図5·9　西沼地区メダカ水路の構造

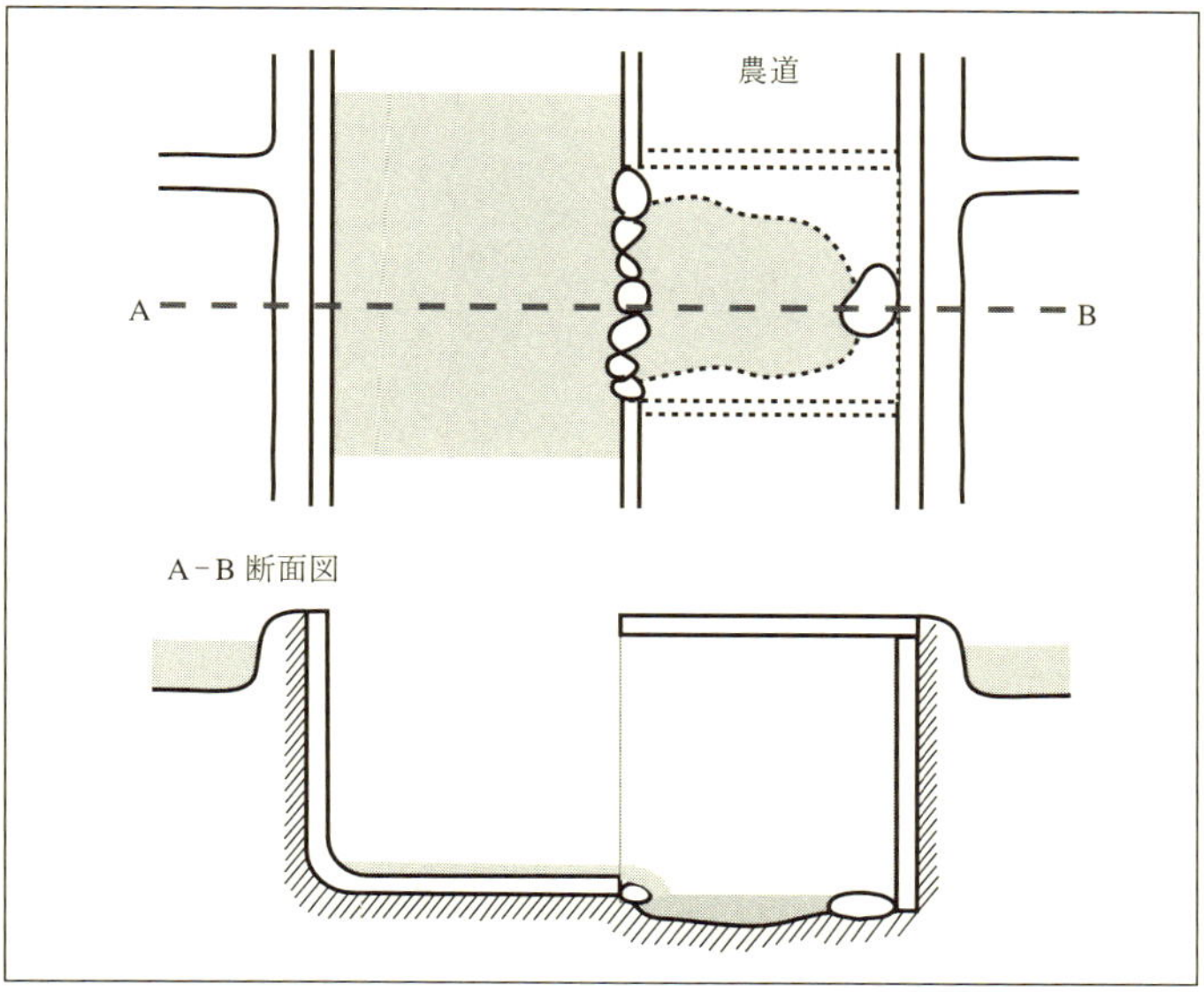

図5·10　渇水時などの避難地
これは農道の下を利用した提案。掘り下げたところは、コンクリート板などでふたをする

このような魚道も効果を発揮できない。暗渠排水とオープンな排水路の組み合わせを、探る必要がある。

先の栃木県真岡市西沼地区の圃場整備事業では、排水路そのものを暗渠とし、その上に田面とほぼ同じ土の水路を設けて、魚が水路と水田を行き来できるようにしている（図5・9）。既存水路を改良する場合でも十分に採用可能な技術である。

排水路に避難地をつくる

これは小さな後背湿地をつくるこころみである。かつての水路も冬には水量が減り、水がとぎれることも珍しくなかった。つまり排水路全体を恒久的水域と考える必要はない。たとえば、水路に隣接してやや掘り下げた部分を設け、そこに泥をためて植生を復元すればよい。このような場所をあちこちに設ければ、冬も水が残りやすく、小魚が生息できる。農道の下（図5・10）、休耕田の一部、水路に隣接した農村公園や学校の敷地の一部に、このような機能を持たせることもできる。

また、昔の用水路では、水がたまりやすい農道の橋の下が、水生生物の避難地として機能していた（写真5・2）。ここは冬にも凍りつかないし、雪に埋まることもない。サギなどの野鳥からも守られる。このような場所も工夫しだいでつくることができる。たとえば、排水路が農道をくぐる部分を泥底にするだけでも効果があると思われる。

地域水系との接続

フナやナマズなどの成魚は、基本的には河川に生息していて、産卵のために農業用水路や水田に遡上する。農業用水は排水路を通じて最終的に地域の水系に流されるが、その接続部分は、パイプを通じた排水であったり、大きな落差があって、生物が遡上できない。この場合でも増水時に入り込むことはできると思われるが、排水路に逆流しないよう水門が設けられているケースもある。

写真5・2　土管橋の水たまりは生きものの避難地
こんなところでもメダカが生きている

接続部分の落差が大きい場合には、階段状の落差工とするか、魚道を設けるなどして、地域の水系との連絡を回復させることが必要になる。この場合のデザインもいくつか考えられる。

農事暦と伝統作業の復元

かつての農業技術は自然の営みに合致したものであり、一年の作業が農事暦というサイクルによって繰り返されてきた。

伝統作業の特長は、地域ごとの独自性である。地形や地質、気候が違えば、品種も異なる。大枠は変わらないにしても、地域地域に異なったやり方が生まれる。道具にしてもそうである。尾根一つ越えれば、鍬の形が異なるのはあたりまえだった。

このような農事暦にしたがった伝統作業は、人里生物の生存にとっても大きな意味があったと言われている。生物相・生息環境の復元と保全にあたっては、地元の農家からかつての農事暦や伝統作業の技術を聞き取り、復元していくことも同時に必要だと思われる。

一方で地域の動植物の産卵・羽化や、開花・結実などの営みを調べ、生物カレンダーを作成してみる。両者を照らし合わせてみれば、興味深いデータが得られるにちがいない。

モニタリングと融通性

過渡的には、生産の効率を重視する水田と、このような生態系に配慮した水田・小水路とが、混在していく形をとることになるだろう。

重要なのはモニタリングである。どのような改変によって、どのような効果があったか、魚の遡上数、動植物の種類や数、水田作業や収量に与える影響などを定期的にチェックし、その結果によって改良を加え、また効果を確認していく。効果がはっきりと見えないうちは、全体を改良するのではなく一部に導入してようすを見ることも必要だ。そのような自由度の高い、後戻りが可能で柔

写真5･3　きれいに泥上げ、くろつけされた冬の用水路

軟な工法をとるべきであろう。

生態系保全農業をどう支援するか

日本中に「純農村」というものはほとんどなくなってしまった。特に平野部の水田地帯では、どこへ行っても多かれ少なかれ大企業の地方工場や工業団地があり、集落内や周辺に新しく住民が移住してきたり団地ができたりしている。農家のほとんども、農業外収入の方が多い第二種兼業であるか、あるいは定年退職で農業専業に戻ったかである。

昔のような土の素掘り水路では、水路の泥上げやくろつけ（あぜの補修、写真5・3）、草刈りなどかなりの作業が必要だ。農業が担ってきた水田生態系・環境保全機能を維持するためには、もはやこれらの作業を農家だけに押しつけるわけには行かないだろう。

食糧生産とその技術の維持、文化や景観の創出、環境保全や生物多様性の維持のほか、防火用水や子どもたちの遊び場など、きわめて多くの役割を果たす以上、水田や水路は地域の共有財産ともいえる。水田や水路を地域で守っていこうという考えは当然成立する。管理作業への住民参加、さらに地域の農産物を地域で消費するというシステムの構築によって、地域の農業を地域ぐるみで支えていくことが、生態系保全農業への近道である。

自分たちの口に入るものをどう安全に、持続的に生産してもらうか。目に見える関係の中でこそ、農薬はじめ化学物質の使用も抑えられる。除草剤を使うなとただ言うのではなく、自らが草取りに汗を流すなら、農家の信頼も生まれるだろう。またそこが自分たちの食糧生産の場であれば、流す水や大気の保全についても現実味が増すはずである。

そもそも農林漁業を抜きにした環境問題の解決はあり得ないと、私は考えている。環境を保全していくためには、地域の中で小さな自給自足の輪を築き直していくことがどうしても必要だ。そして「地球環境問題」とは畢竟地域の環境問題の積分なのである。

手始めに、学校給食に地域産米を使用することが考えられる。旧食糧管理法の下では、不思議なことに学校給食米の産地を選ぶことができなかったらしい。新食糧法になって、学校給食用の政府米の値引き制度が廃止されることもあり、地元産の自主流通米を給食に用いることは徐々に広がっている。

重要なのは、同時に児童・生徒が水田作業を手伝うことだ。自分たちで食べる米づくりに参加するという、小さな、目に見える関係の中でこそ、生産と消費を軸に地域循環を構築していく方途が見えてくるはずである。

担い手がいなくなった農地の耕作や管理を、農業生産法人や第三セクターが委託という形で請け負うケースも各地で増えているが、非営利団体（NPO）が、水田をはじめ農地とその周辺の維持管理を請け負うという形も考えられる。残念ながらNPOが農業生産法人となることは現状では想定されていないようであるが、耕作自体は農家が担うにしても、援農という形をとるか、あるいは周辺管理作業の名目でNPOが委託を受けることは可能であろう。

私も会員になっている横浜市栄区の「緑栄塾・楽農とんぼの会」は、区内に残る緑豊かな丘陵地の畑を耕作しながら、周辺環境を含めた景観と地域の伝統的な農業を、市民ぐるみで継承していこうという活動である。会では地権者の協力を得て、麦類、ソバ、サツマイモなど、主に穀類を中心に栽培している。穀類中心なのは、あくまで広々とした畑景観と、主食になる作物の栽培技術や種子の維持を目的としているからだ。

形式はあくまでも「援農」であるが、会のめざすところは、耕作を通じた、地域の財産ともいえる里山景観・生物相の保全であり、地域の文化や伝統技術の保全なのである。山間の畑の耕作・管理作業は大型機械の使用が難しいので、人力に頼るしかない。遊休農地の耕作だけでなく、農道の整備や斜面の草刈り、堆肥をつくるための落ち葉はきなど、高齢化と後継者不足によって地元農家だけでは担えなくなった環境保全のための作業を、市民が協力して行う形を取っている（筆者：「市民が里山を耕す意味」、『かながわの自然』、第六一号、一九九九）。

もう一つの可能性は、水田をクラインガルテンとする方法だ。提唱者の名をとってシュレーバーガルテンとも呼ばれるクラインガルテンとは、そのまま訳せば「小さな庭」であるが、公共的な土地を利用した市民のための小さな貸し農園である。ドイツにはクラインガルテン法があり、自治体がクラインガルテンを設置することが義務づけられている。もともとは生活困窮者のために食糧自給の場として設けられたが、いまでは市民の権利として定着していると聞く。英国にもアロットメントと呼ばれる同様の制度がある。

日本でも市民農園法が制定され、遊休農地を利用して、農協や自治体などが都市住民のために市民農園を整備する例が各地で増えてきた。これを水田に応用するのである。自治体や農協が水田をまとめて借り上げ、市民に貸し出すという方法だ。農家が直接行ってもいい（農地法上は若干さしさわりがあるようだが）。

たとえば、一九九八年の生産者米価（政府の買い入れ価格）は、六〇キログラム当たり一万五八〇〇円ほどだ。米の一〇アール（一反）当たりの平均収穫量を五四〇キログラム（＝反収九俵）とすれば、農家の収入は一四万円そこそこである。ここから肥料代、農薬代、農業資材代、農機具の償却費やガソリン代等々を引いていけば、手取り収入はいくらにもならない。むしろ人件費を考えると、一部の大規模経営以外はほとんど赤字である。米を作るより買った方が安いというのは、多くの稲作農家の本音なのだ。

一方、日本人の米消費量は年々減少し、最近は年間一人当たり平均して六〇キログラム台になっている。消費者が購入する米の価格帯は一〇キログラム入りで四五〇〇~五五〇〇円に集中しているので（『平成一〇年版農業白書』）、中間をとって五〇〇〇円とみると、消費者は年間一人当たりおよそ三万円を米代に支払っていることになる。四人家族では一二万円である。四人分の米（年間二四〇キログラム）を生産するには五アールあれば十分なので、年間契約として五アール当たり八~一〇万円程度を払うことは決して無理な話ではない。契約者は週末農業で、指導や水管理などは農家が行えばよい。農業機械なども農家が貸し出す。農家側は整備に多少の投資は必要だが、農薬代や肥料代が減る分手取り収入はふえるし、手間は大幅に軽減される。契約者側も送料や搗精料、保管料を加えても収支は合うのではないだろうか。何より、間違いなく安全な米が手にはいるのだ。

もちろん素人にいきなり稲作は無理だろうから、契約栽培とする方が現実的かもしれない。方法はいろいろ考えられるだろう。いずれにしろ、利用者（契約者）にとっては「自分の田んぼ」であり、愛着も湧くし、自発的に作業に参加することが期待できる。もともと自然や環境問題への関心が高い人たちが利用者となる可能性が高いので、生態系保全への取り組みは理解されやすいと思われる。

一方、持続可能で生態系を損なわない方法で栽培された作物に、生態系保全マークをつけるのも一つの方法だろう。この場合、何をもって生態系保全農業と呼ぶか、その認証も制度化しなければならない。少なくとも、メダカが自然状態で水田に遡上できるということはその指標の一つになりうるのではないだろうか。

このような生態系保全農業への試みを支援する制度も整える必要があるだろう。なんとか食糧自給率を上げようとさまざまな補助制度が検討されているが、むしろいまは持続可能な生産の場の整備・保全と技術の育成のために、「投資」をすべき時なのだと思う。農家がそのような農業を選択しやすくなる（つまり将来に希望がもてる）しくみを、つくっていかなければならない。

トータルな生態系保全農業のデザインやシステムは、今はまだ十分に明らかになっていない。それはそれぞれの地域で、物質循環を基本に、伝統に学びつつ新たな知恵や技術を加え、築き上げていくべきものであろう。米の品種も地域の気候や条件にあったものを採用し、できる限り多様なものを栽培することが必要であろうし、除草にアイガモを使うアイガモ農法や、伝統的な水田養魚など、水田やその周辺で得られる魚介などの利用も考えた複合的な水田の利用が望ましいことはいうまでもない。

一方で、水系のネットワーク一つとっても、農業用水は農水省、河川は建設省と担当が異なり、縦割りの壁、煩雑な手続きが予想される。しかしこれからは、これまでの行政の枠組みを越えて、地域社会が、未来世代のために必要とすることをほんとうに実現していけるのかが問われるのである。農家・地域住民と地域行政が一体となって、中央行政の枠組みを越えていくような活動が求められていると思う。

次世代に伝えるもの

「安全」と「健康」は、これまでもこれからも私たちの生存を支えるキーワードである。そしてそれを支えるのが健全な「環境」だということができる。

環境とは主体を取り巻く総体である。つまり人間という主体があって初めて成り立つ概念である。「地球環境」とは、本来「人間の生存する惑星としての地球の環境」のことであろう。「地球環境問題」とは、ほかならぬ「人間環境問題」のことなのだ。

その解決に向けての大きなテーマの一つが、「環境教育」である。われわれを取り巻く環境が悪化し、このままでは人類とその文明の存続に関わる。人類は持続可能な生産・生活を実現しなければならない。そのためには、さまざまな技術やシステムを必要とする。子どもたちにそのような技術やシステムを学び、創造する力を身につけてもらわなければならない。

一九七二年にストックホルムで開かれた、国連人間環境会議（以後一〇年おきに開かれている地球サミット）において、「環境教育の目的は、自己を取り巻く環境を自己のできる範囲内で管理し、規制する行動を、一歩ずつ確実にすることのできる人間を育成することにある」と定義された。

もう少しわかりやすくいえば、「自分の周囲の生態系に働きかけながら、持続的に暮らしを営んでいける技術を身につけ、実行していく力を身につけること」が環境教育の目的である。本書の第一章で紹介した自然教育も、自然の動植物を素材にしながら生態系の中でのふるまい方・賢明な利用の仕方を身につけるための環境教育の手法の一つだということができる。

しかし、わが国で行われている環境教育の現実はどうだろうか。ほとんどの場合、子どもたちは汚染や破壊、ゴミ問題、地球温暖化などの環境問題をまずたたき込まれる。「地球が危ない」、「地球を救おう」、「ゴミに埋まる日本列島」、「広がる環境汚染」、「地球温暖化で島が沈む」……。いかに環境破壊が進んでいるか、このまま行くと地球はもうだめになると、ひたすら危機をあおられる。これで子どもたちが未来に希望を持てるのだろうか。

こんな「夢も希望もない環境問題教育」は早くやめにして、「夢と希望を与え、創意工夫を生み出す環境教育」へと、転換していかなければならない。

資源・エネルギー問題も、廃棄物問題も、環境汚染も、結局はエコロジーを無視した人間の活動にある。ところが、残念なことに、日本では学校教育の中できちんとエコロジーを学習する機会がほとんどないのだ。

ゴミ問題を教える時に、焼却場や処分場を見学し、ゴミの減量や分別の仕方を教えることも大切なことだろう。しかし、自然界ではどうなのか。キノコやミミズやさまざまな土壌動物・微生物が、

1. 成層圏オゾン層が損なわれないままに保存されていると同時に、ヒトに起因する気候変動が自然の調整にまかされるほどに小さい。
2. 国境を越える水質汚染および大気汚染がその状況を各国が独自に決定できる程度まで小規模になっている。
3. 大気汚染および騒音のレベルが人の健康や幸福（well-being）を損なわず、われわれの文化遺産への脅威が少なくなっている。
4. 湖沼および海域が生存可能なバランスのとれた自然由来の種の集団を維持し、フィッシング、レクリエーション、上水用の価値が汚染によって損なわれていない。
5. 農業および森林の土壌が長期的に持続可能である。自然の生物学的な土壌生成プロセスを妨げ、あるいは地下水の使用制限になるような汚染物質が認められない。
6. 天然資源を浪費しないような方法で、土地および水資源が利用されている。再生可能な資源が生態系の生産能力限界内で利用され、非生産可能な資源は控えめにし、しかも責任を持って利用されている。
7. 自然種およびその集団が種の維持に必要な数、残存している。ある生物種の自生集団が世界集団の重要な部分を代表しているように特別の配慮が払われている。
8. その国を最もよく代表する「生存可能な自然種」および「文化的な風景」が保全され、管理されている。
9. バイオテクノロジーの可能性が環境保護の分野で利用され、この他の分野では多くの適用が環境への危害が避けられるように注意深く検討し、規制されている。
10. 商品の流れは「ゆりかごから墓場まで」といわれるように製造者責任を特徴とし、経済成長は天然資源や環境を浪費しないような消費に向けられている。

表5·1　持続可能な社会の環境的側面
スウェーデン環境保護庁、1991（瀬戸・森川・小沢：『文科系のための環境論・入門』、有斐閣、1998）

動植物の遺体や廃棄物を食べ、分解し、無機物に戻して、大気中に返し、あるいは再び植物が栄養源として使う。その巧妙なしくみをわかりやすく学ぶことで、子どもたちは好奇心をふくらませ、さまざまなアイデアをふくらませることができるのではないだろうか。そして翻って、人間の出すゴミのことを考えた時、目先の解決ではない根本的な解決のための方策や行動に結びつくはずである。

元スウェーデン大使館科学部の小沢徳太郎氏にうかがったことであるが、スウェーデンは「持続可能な社会」の実現に向けて国家として目標を設置し取り組んでいる環境先進国である。同国環境保護庁が一九九一年に発表した「持続可能な社会の環境的側面」は、私たちがこれからの社会をイメージする上でたいへん示唆に富むものだと思うので、表5・1に引用させていただく。

この中で、4~8は、自然生態系や生物多様性に関連する項目であることに注目したい。日本以上に資源に乏しいと言われる国であるからこそ、自然生態系の健全さを何よりの資源と見なしているのであろう。とくに8で「生存可能な自然種」を「メダカ」に、「文化的風景」を「伝統的農村景観」に読み換えてみてほしい。かの国の見識を見習いたいものである。

いつの時代であっても衣食住とエネルギーは、人間の生活と生産活動にとって必要不可欠である。それを生む場が健全な生態系に支えられた農林漁業のフィールドである。私たちはその大切な「資源」を切り売りしてきた。それが私たち自身だけの首を絞める行為であるなら納得できるのだが、このままではそれが世代を越えて子孫を苦しめる結果になる。

私たちが次の世代に伝えるべきインフラストラクチャーとは、コンクリートやアスファルト製のそそり立つ構造物ではなく、多種多様な生物の生きられる豊かな生態系と、汚染されていない環境でなければならない。

これまで水田は国民の主食=米の生産をになう一種の「聖域」であった。農地法、農業基本法や食糧管理法に守られ、土地改良事業も農薬の投入も、一般国民にあまり実態が知られないまま、実施されてきた。その一方で、自律的な方法によって持続的に食糧を生産していく技術やシステムを開発する方向に目が向けられてこなかった。

これからは、公共事業の中身も、真の持続的生産と生存のためのインフラストラクチャーを築く方向へ転換していく必要がある。圃場整備事業も、水田地帯に起こっている現実を直視するなら、生態系・生物多様性の維持・復元や、汚染土の浄化・入れ換えといった方向に向かうべきであろう。

くり返すが、食糧生産にとどまらない多面的な公共性を考えれば、農地はもはや土地を所有している農家だけのものとはいえないのではないだろうか。農業や食糧のあり方、その生産の場である農地のあり方は、広く国民(まずは地域住民)によって議論され、選びとられて行くべきであろう。

そして、農地には次世代を育む役割、機能がある。子どもたちにとって自然とのふれあいは好奇心を養い、創意工夫を生む源である。それが自然の持つ力なのだ。そのような場を農地とくに水田が提供してきた意味を、私たちはもっと考えるべきである。私は生きものの姿にあふれた農的環境こそ、第一級の環境教育フィールドになると考えている。

そのような場所が身近にあれば、もはや環境教育という言葉すらいらない。かつての農山村がそうであったように。環境教育や自然教育のために、特別な「施設」など必要ないのである。

バーチャルネットワークから生態系のネットワークへ

私はインターネットという新しいメディアに出会った時、これを私たちにとってほんとうに意味のある道具とするために、どのように使ったらいいかを考えた。その一つの答えが、情報の同報性・即時性を活かし、共有性を高めることで、これまで困難であった、各地でバラバラに活動している人や団体を結びつけることだった。さらにホームページを通じて、これまで関心がなかった人、関心はあるが何をしていいかわからなかった人、方法と参加の機会をもてなかった人たちに、さまざまなレベルでの参加を呼びかけることができるのではないかと思った。

そもそもインターネットの世界は、情報を無償で提供し、共有し合うことから発展してきた。インターネットは力のない個人や非営利団体にも、等しく世界とつながり合うチャンスを与えてくれる。むしろ情報の共有化は大きなうねりをつくり出す力になるだろう。

もちろん仮想空間のネットワークのままでは、現実世界のできごとである自然生態系の問題は解決しない。メダカがここにいたあそこにいたと言い合っているだけでメダカが守れるわけではないのである。第一章で述べたインターネットの限界とは、まさにバーチャルなままで現実味が伴わないことである。

インターネットの世界は移り気だ。一つの話題にとどまってはいない。インターネットに骨と血と肉を与えるのは、やはり現実のフィールドだと私は考えている。そのためにも私はできる限り現地に出向き、人と会うことを心掛けている。

もう一つ注意しなければいけないことがある。それは情報の質だ。もともとインターネットの世界は、最低限のルールだけを決めて、誰もが同じ立場で参加することが前提であった。しかし、インターネットの大衆化によって、様子が変わってきた。インターネットは、何のフィルターもかけずに思いついた時に情報を世界に発信できる。うわさ話や推測の類が、あるいは悪意を持った情報が、世界情報となるおそれもある。インターネットの信頼性が揺らいでいるのは、その質の問題があるからだ。残念なことに、多くの人がインターネット上の情報をあまり信用できるものと考えていない。また、インターネット上で有益な情報を探し出すことはきわめて困難であるという現実もある。質の高い、確かな、信頼に足る情報を、わかりやすく誰にでも使える形で提供しなければ、インターネットの世界もまた一部の商業主義に席巻されてしまうだろう。

情報の質と信頼性を高めるためには、さまざまな立場に立った、より多くの人々が、責任と誇りを持って自発的にネットワークに参加する必要がある。

この十数年間、私たちはコンピュータどうしをつなげ合うことで、コミュニケーションや社会システムのあり方が劇的に変わっていくさまを見てきた。

オープンな情報ネットワーク社会では、情報を隠すことは独占と自己利益だけをめざすととらえられ、逆に不利をもたらすことになるかもしれない。厚い知的所有権と巨大な資本に守られたグローバル企業とは一線を画す、もう一つの社会・経済のあり方がそこに見えてくるのではないかと思っている。

このバーチャルなネットワークが、現実のネットワークを再生するのに力を発揮するかもしれないと、私は思い始めている。現実のネットワークとは、水系のネットワークそして生きもののネットワーク（生態系）である。

全国で実践されているさまざまな活動。それらを、水系や生きもののネットワークの再構築に生かすことができないだろうか。たとえば都会と田園で、海と山で、同じ川の上流と下流で、渡り鳥の越冬地と繁殖地で……。

アメリカでは、インターネットを通じて、鳥やチョウの渡りの経路にある学校に呼びかけ、子どもたちに観察情報を送ってもらうというプロジェクトが試みられ、成功したという（村井純：『インターネットII』、岩波新書、一九九八）。このような試みが、インターネットの世界を鍛えていくのである。

メダカだけを取り上げても、前章で見たように各地でさまざまな活動が生まれている。私は情報をくださったこれらの団体や個人のフィールドを訪れてみて、あらためて思った。現状では、個々の取り組みはまだ孤立的である。しかし、栃木県のメダカ里親の会では、すでに県レベルでの保全地と団体のネットワークを築きつつある。このような地域ネットワークを全国レベルで結ぶためにもインターネットは有効であろう。

これまで見てきたように同じメダカといっても、地域個体群の違いがある。またそれぞれの地域によって生息状況も活動状況も自然・社会的条件も異なる。地域ごとに多様な生態系があるように、人と自然の関わりも、また多様性に彩られるべきものである。環境保全や持続可能な地域づくりに定まった手法はない。生態系保全農業のデザインやシステムにしても、それぞれの地域が異なる条件の中で自律的につくりあげて行くべきものだと思う。しかし、理念や技術には共通するものがあるはずだ。さまざまな地域で多くの人が関わる活動だからこそ、情報を共有することで経験がネットワークに蓄積されていく。地域での多様な実践を、共通の経験・知恵・技術にしていくことが可能になるのではないだろうか。

メダカをさがしに行こう

私のもとに届いたメダカ調査用紙には、身近な自然への思いがびっしりと書き込まれているものが少なくなかった。さらに全国でメダカ保全活動の現場を見、そこに関わる人たちの話を聞いて、大人たちの心には、メダカに対する懐かしさだけでなく、その生息の場を失わせてしまった悔悟に近い感情があるように思えてならない。私自身がそうであるように。しかし、多くの人がもしそう感じているのなら、まだ遅くはない。時間はかかるだろうが、つながりを回復させることはまだ可能だと思う。

つながりが回復しさえすれば、メダカは水系を伝わり、きっといつかまた水田に戻ってくる。やがて、多くの生きものがにぎわいを見せてくれるだろう。そして、生きものがあふれる水田には、子どもたちの歓声も帰ってくるにちがいない。子どもたちの空腹感を、未知のものへの好奇心と想像力で満たすことができる時代が、ふたたびやってくるのだ。

メダカがふたたび水田を泳ぐ時、中国から送られたトキの子孫たちが、水田に舞い降りることも、決して夢物語とばかりはいえないのである。

そのための第一歩は、まず身近な環境を見、自然にふれることだ。

手始めに、今度の週末には、子どもたちを誘って、近くの田んぼや小川にメダカをさがしに行こう。たも網を持って、長靴を履いて、小さなバケツを持って。

ただし、大雨の後では行ってはいけない。小さな子どもだけで行ってはいけない。

メダカはいるだろうか。メダカのほかにどんな生きものがいるだろうか。

水辺をのぞきに行こう。生きものをさがそう。全てはそこから始まる。

終章

変わらぬことに価値を求める

この国の風景が猛スピードで変化し始めたのは、一九六〇年代である。コンクリートの構造物がふえ、道路や川はまっすぐになり、丘は削られ、谷は埋められ、日本中の風景がのっぺりと直線的で平坦なものになっていった。私たちは漠然とそれが「成長」というものだと考えていた。変わりゆく風景の陰では、気づかぬうちに数多くのものが失われた。

私たちは、成長を続けることでよりよい未来が訪れる、成長（発展）の向こうにバラ色の未来が待っており、子や孫の時代はもっとよくなると信じてきた。

しかし、私たちのまわりには成長に伴う負債が膨らんでいる。増大する廃棄物、大気や水系の汚染、自然環境の消失、失われるコミュニティや固有の文化……。

私たち人間は、成長を保証する前提として、自然という「資源」はただであると思い込んでいた。自然はそのままでは無価値であり、人間が手を加えて初めて価値を生むというのが、近代産業文明の基本的な考え方である。その過程でさまざまな問題が生じるのは、ただ科学技術が未熟なだけだと考えていたのである。すべては科学技術がいずれ解決してくれるのだと。

もちろん、それは幼稚な幻想にすぎない。

個人的な話で恐縮だが、私は一九五六年の生まれである。この年は水俣病が「公式に」発見された年だ。幼くして発症した患者、胎児性患者の多くは私と同世代である。私は水俣に生まれなかったが、それはたまたまにすぎない。私も、いや誰もが「患者」になったかも知れない。私たちの繁栄には、そのような原罪がつきまとっているはずだ。

水俣病は、チッソ水俣工場が垂れ流した有機水銀に汚染された魚介類を食べたことによって起こった。そのとき私たちは、人間のもたらした化学汚染が、生態系を通じて濃縮され再び人間に戻ってくるという自然のおきてに、否応なく向き合わされた。それは核の恐怖と悲惨さを人類が初めて体験させられた「広島」、「長崎」に匹敵する事件だったといってよいと思う。

それから現在まで、何が変わったというのか。

患者と国・チッソとの苦い和解がなり、汚染された水俣の海が、曲がりなりにも蘇ったとされるまで四〇年という歳月が必要だった。もちろんそれで水俣病が完全に解決したわけではないし、苦しみながら死んでいった人々の無念さ、そして今なお続く患者の苦しみが消えたわけではないのである。

いま核廃棄物、とくに人類が創り出した最悪の毒物と言われるプルトニウムは、ほとんど半永久的に厳重な管理下に置かれ続けなければならない。この恐怖の物質の管理のために、私たちの子孫は大きな負担を強いられるのである。一〇〇年後、二〇〇年後に万が一重大な事故が起こった時、いったいそれは誰の責任だというのだろうか。

これでは私たちは子孫に「罪なき罰」を科しているようなものだ。「科学技術が、将来の世代が解決してくれる」というのは無責任な言い逃れにすぎない。

核廃棄物にかぎらず、環境ホルモンのように、ごく微量で生物の生存を根本から脅かす物質が最近になって次々に明らかにされているが、その本当の恐ろしさを思い知らされるのは次の世代なのである。対策コストを社会全体で負担して責任を薄めてしまい、根本的な解決を後の世代に先延ばしするのでなく、本来それによって益を受けるものが責任をとりコストを負担するしくみがなければ、汚染と破壊はやまないだろう。

「環境問題」とは、現代の一部の人類の「豊かな」生活が、第三世界や後の世代の生存権を脅かしている問題だと見ることもできる。

ほんとうの豊かさは変化よりむしろ、変化しないことにある。数多くの喪失を経て、ようやく、私たちはそのことに気づこうとしている。

もともと自然は刻々と変化するものである。四季の移ろい、植物の生長、風や雨によるさまざまな作用。しかし、「むら」ほどの大きさで見れば、新しい季節が巡ってくるたび、前と変わらぬよく似た風景がまた現れてくれた。かつての「ふるさと」の風景はそうだった。

このような生態的恒常性が、持続可能な社会への鍵である。それは太陽エネルギーの適正な利用と物質循環の実現なくしては、あり得ないからだ。そしてそのような持続可能なシステムは人間の都合だけでは成り立たない。エネルギーの受け渡しと物質循環は、地球上の多くの生きもののネットワーク（生態系）によって成り立っているシステムなのである。それは太陽を起源とするエネルギーが、生命によって、バトンリレーされていく姿である。

つながりを取り戻すこと

現代の日本人は、川とは陸に降った雨が海に注ぐ場であると考えるのが普通だが、北海道のアイヌの人々の伝統的な考え方では、川は動物であり、海から山へ登っていくものなのだという（知里真志保：『和人は舟を食う』、北海道出版企画センター、一九八六）。

陸からだけ見た発想では、水は資源であり制御するものでしかないかもしれないが、海からの発想では、またちがった考え方もできるのではないだろうか。

今ではほとんどのサケは河口でとらえられてしまうが、かつては秋になると東北日本・北海道の川に、大量のサケがさかのぼったはずである。それはまさに、海の恵みが陸に押し寄せる光景だったにちがいない。サケは海で育ちふるさとの川に戻ってくるから、ふつうは川から海へ下るだけだった物質の流れを逆戻りさせる働きがあるはずだ。サケが大量に上ってくれば、人間だけでなくクマもワシも、その他のさまざまな生きものたちにも大きな恵みとなり、陸は豊かになったことだろう。他にも多くの海と川を行き来する生きものがいる。また、海水と淡水とが混じり合う場所に育つ生きものも多い。それらの中には、昔から、私たちの重要な食糧資源であったものが少なくない。

さらに世界の主要漁場の多くは、陸水の供給を大量に受けている海域である。陸からの適度な物質の供給があって、海の生きものも栄える。陸と海とは、あるいは陸と水とは、一つながりのものなのである。そこに暮らす生命も一つにつながっており、そのネットワークの中でエネルギーを受け渡し、物質を使い回しながら生を、種を育んでいる。つながりを断ち切れば生態系は機能しなくなる。

ところが私たち人間が効率を求めてつくってきたものは「まっすぐで」「切り立った」構造物ばかりだった。それらの構造物は同時に私たちと自然とのつながりも断ち切ったのである。

人間も生態系のつながりの中でしか生きていけないはずである。持続可能な社会を築くために、もう一度つながりを見つめ直し、つくり直すことを、私たちは考えるべきだ。メダカという小さな魚をきっかけに、たどり着いたのは、そんな単純な結論だった。

巻末資料

メダカ保全のために

以下はエコロジカルウェッブで呼びかけている、メダカ生息地保全のためのアクションプランです。

①まず地域のメダカの生息状況を把握する

・自分で調べる
・地域の自然保護団体やアマチュア研究者にたずねる
・地域の博物館や資料館・大学にたずねる

方法があります。河川や池にいなくても個人や学校の池などに飼われて生き残っている可能性があります。

調査結果はエコロジカルウェッブに集約しましょう。

メダカは移動能力が小さく、水系ごとに少しずつ体色や体型などに変化があることがわかっています。現在は、野生メダカであっても、放流によって地域の純粋な系統とはちがっているおそれがあります。これについては過去の放流の事実をすべて調べなければわかりません。でなければ遺伝子を調べるという大がかりなことになってしまいます。

地域のメダカの純粋性ということについて、議論が必要です。

②もしメダカが見つかったら

継続的に安定して生息している環境なのか、それともどこか別のところから流されてきたものか、調べる必要があります。放流されたものだという可能性もあります。

メダカが継続的に発生している環境であれば、まずその生息地を守ることが重要です。地域の保護団体や研究機関などと協力し、保全のための活動を進めましょう。開発計画はないか、農薬が流れ込んでいないか、ブラックバスがはなされないか、注意しましょう。

③メダカの生息できる場所づくり

生息地が十分な広さがなかったり、渇水期などに干上がってしまうおそれのあるような場所の場合、保全地を整備する必要があります。休耕田などを利用して、メダカ池をつくりましょう。休耕田の持ち主（農家）、公園や学校の池にもメダカが生息できるように自治体や教育委員会に働きかけましょう。そのような場所を少しずつ増やしながら、野生メダカの生息環境を広げましょう。

昭和三〇年代ごろまでの水田づくりが、メダカの生息にとって都合がよかったことは明らかです。無農薬はもちろん、冬にも一部に水たまりが残るような環境にすればメダカが冬を越せます。

メダカが生息できる環境というのは、他にも多くの生きものにとって大切な環境です。魚では、ドジョウ、タナゴ類、カエルではアカガエルやトノサマガエル（ダルマガエル）、ツチガエル、水生昆虫ではタガメ、タイコウチ、ミズカマキリ、ヘイケボタルなどいずれも最近見かけなくなっている生きものです。他にイトトンボ、ギンヤンマ、シオカラトンボ、アキアカネなどのトンボ類、サギ類などの野鳥も来ます。

④市民グループでメダカ保護を

個人でメダカを保全するというのは大変労力がかかります。できればグループを作って、作業を分担しましょう。

学校での取り組みにも、地域の市民が関わることで先生が転勤で替わっても活動・情報が継続します。メダカの生息環境を守るということは、要するに昔ながらの水田づくりです。休耕田をメダカ池として利用し、ついでに水田でもち米を作って餅つきをする楽しみもあります。

ただ水が絶えないことが必要なので、農業用水しかない場合には秋から春にかけての水源の確保が必要になります。ため池方式にして、ポンプで循環させる手もあります（太陽電池や風車を利用すれば電源がなくても利用可能です）。あるいは近くに河川があれば、そこからポンプで水を供給できます。

⑤放流についての考え方

離れた地域で捕獲された他の水系のメダカやペットショップなどで手に入れたメダカを放流する

と、その場所に在来のメダカと交雑が起こってしまうおそれがあります。メダカ（に限らず動植物）の放流は、地域の自然生態系に悪影響を与えるため、避けるべきです。そもそも継続的に生息できる環境でなければ、いくら放流してもむだです。

その地域で絶滅していた場合には、どう考えるべきでしょうか。その水系の野生メダカの子孫であることが明らかであれば、生息環境を整えたうえで放流することは問題が少ないかもしれません。しかし、飼育保存にも⑥で説明するように実は問題が潜んでいます。

さらに、同じ場所でとれたものの子孫はかまわないのなら、少し離れた場所ならどうか、さまざまな考え方があり、結論を出すのはむずかしいと思います。専門家を交えて議論を重ねることが必要だと思います。

ただ、そこまで行けば大変なもので、いまはまだ、とにかく生息地があるのならそこを守っていくこと、その場所を保全することを通じてメダカを保護していくことが大前提です。ほんとうは放流などせずに、メダカが戻って来られる環境を整えて、戻って来るのを待つべきなのだと考えます。時間はかかるでしょうが。

⑥飼育保存は最後の手段に

たとえその地域でもともと生息していたことが確かなものであっても、長く飼育されていた場合には、野生のものとは異なった形質をもってしまうおそれがあります。飼育下では少数の個体の近親交配が起こりやすく、また水槽での飼育という環境に適応して、野生なら残りにくい形質をもった個体が生き残ったり、逆に野生では強いはずの形質が残らなかったりするためです。したがって、飼育して保存するという方法は、最後の手段なのです。あくまで野生生息地を守るということが大前提であり、そこから少数を飼育して保存する場合には、他の系統と混在させないよう十分な管理のもとに、一部を定期的に入れ換えるという方法をとる必要があります。また生息地が失われてしまうような場合には、できるだけ多くの個体を保存するために、おおぜいが分散して飼育すること、年に一度程度、何割かの個体を交換して遺伝子の交流を図ることが必要です。しかし、その場合でも飼育者は飼育に関して十分なトレーニングを受ける必要があります。楽しみのために飼うことと、種の保存のために飼うことはきちんと区別しなければなりません。そして、できるだけ早く野外に戻すことができるよう、野外の保全地の整備を進めましょう。

⑦メダカのいる自然環境の大切さを多くの人に伝える

ちっぽけで、経済的価値もないのに、メダカに心ひかれる人がとても多いのです。それはどうしてなのでしょうか。私たち日本人の心に染みついた郷愁、古い記憶、文化といったものに結びついているのかもしれません。でも、いまの子どもたちにとっては、メダカは身近な生きものではなく、水槽や下手をするとテレビや本でしか見たことのない生きものになってしまったのです。

メダカの危機はもしかすると子どもたちが育つ環境の危機なのかもしれません。

メダカを通じて私たちは多くのことを学ぶことができます。

メダカのいる環境の大切さに気づいたら、そのことを多くの人たちに伝えてください。昔のことを知っている人は子どもたちに生きものにあふれていたかつての水辺の姿を伝えてください。古い写真があれば、それを見せてください。

そしてよりよい未来のための一歩をあなたも踏み出してください。子どもたちとともに。

⑧在来メダカ飼育上の注意

在来メダカを保全のために飼育する場合には、飼育方法などについて十分な説明と講習を受けるべきです。そのうえで飼育者には、次のことを伝えてください。

・どこ（原産地）でいつ（採集時期）とれたメダカか（何世代目か）
・市販のメダカ、他の系統のメダカと一緒に飼わないこと（混在しないよう十分に注意すること）
・放流はしないこと
・飼育できなくなった場合の返却先（研究機関など）

●汽水・淡水魚レッドリスト（一九九九年二月環境庁発表資料より）

和名	学名
絶滅（ＥＸ）	
クニマス	Oncorhynchus nerka kawamurae
スワモロコ	Gnathopogon elongatus suwae
ミナミトミヨ	Pungitius kaibarae
絶滅危惧ⅠＡ類（ＣＲ）	
リュウキュウアユ	Plecoglossus altivelis ryukyuensis
アリアケシラウオ	Salanx ariakensis
アリアケヒメシラウオ	Neosalanx reganius
ヒナモロコ	Aphyocypris chinensis
ウシモツゴ	Pseudorasbora pumila subsp.
ミヤコタナゴ	Tanakia tanago
イタセンパラ	Acheilognathus longipinnis
ニッポンバラタナゴ	Rhodeus ocellatus kurumeus
スイゲンゼニタナゴ	Rhodeus atremius suigensis
アユモドキ	Leptobotia curta
ムサシトミヨ	Pungitius sp.1
イバラトミヨ雄物型	Pungitius sp.2
タイワンキンギョ	Macropodus opercularis
ウラウチフエダイ	Lutjanus goldiei

コマチハゼ	Parioglosuss taeniatus
マイコハゼ	Parioglosuss lineatus
ミスジハゼ	Callogobius sp.
クロトサカハゼ	Cristatogobius nonatoae
ヒメトサカハゼ	Cristatogobius sp.2
タスキヒナハゼ	Redigobius balteatus
コンジキハゼ	Glossogobius aureus
アゴヒゲハゼ	Glossogobius bicirrhosus
キセルハゼ	Chaenogobius cylindricus
ドウクツミミズハゼ	Luciogobius albus
カエルハゼ	Sicyopus leprurus
アカボウズハゼ	Sicyopus zosterophorum
ヨロイボウズハゼ	Lentipes armatus
ハヤセボウズハゼ	Stiphodon stevensoni
トカゲハゼ	Scartelaos histophorus

絶滅危惧IB類（EN）

イトウ	Hucho perryi
ウケクチウグイ	Tribolodon sp.
カワバタモロコ	Hemigrammocypris rasborella
アブラヒガイ	Sarcocheilichthys biwaensis
シナイモツゴ	Pseudorasbora pumila pumila
イチモンジタナゴ	Acheilognathus cyanostigma
ゼニタナゴ	Acheilognathus typus

スジシマドジョウ小型種　Cobitis sp.2
イシドジョウ　Cobitis takatsuensis
ホトケドジョウ　Lefua echigonia
ナガレホトケドジョウ　Lefua sp.
ネコギギ　Pseudobagrus ichikawai
ニセシマイサキ　Mesopristes argenteus
ヨコシマイサキ　Mesopristes cancellatus
シミズシマイサキ　Mesopristes sp.
ツバサハゼ　Rhyacichthys aspro
タメトモハゼ　Ophieleotris sp.
タナゴモドキ　Hypseleotris cyprinoides
トサカハゼ　Cristatogobius sp.1
エソハゼ　Schismatogobius roxasi
シマエソハゼ　Schismatogobius ampluvinculus
キバラヨシノボリ　Rhinogobius sp.YB
アオバラヨシノボリ　Rhinogobius sp.BB
オガサワラヨシノボリ　Rhinogobius sp.BI
エドハゼ　Chaenogobius macrognathos
クボハゼ　Chaenogobius scrobiculatus
チクゼンハゼ　Chaenogobius uchidai
ルリボウズハゼ　Sicyopterus macrostetholepis
タビラクチ　Apocryptodon punctatus

絶滅危惧Ⅱ類（VU）

スナヤツメ　Lethenteron reissneri
エツ　Coilia nasus
セボシタビラ　Acheilognathus tabira subsp.2
カゼトゲタナゴ　Rhodeus atremius atremius
スジシマドジョウ大型種　Cobitis sp.1
エゾホトケドジョウ　Lefua nikkonis
ギバチ　Pseudobagrus tokiensis
アカザ　Liobagrus reini
メダカ　Oryzias latipes
ナガレフウライボラ　Crenimugil heterocheilos
ヤエヤマノコギリハゼ　Butis amboinensis
ジャノメハゼ　Bostrychus sinensis
キララハゼ　Acentrogobius viridipunctatus
シンジコハゼ　Chaenogobius sp.3
ミナミアシシロハゼ　Acanthogobius insularis
ムツゴロウ　Boleophthalmus pectinirostris
ヤマノカミ　Trachidermis fasciatus
ウツセミカジカ　Cottus reinii

準絶滅危惧（NT）

シベリアヤツメ　Lethenteron kessleri
ミヤベイワナ　Salvelinus malma miyabei

オショロコマ　*Salvelinus malma krascheninnikovi*
ビワマス　*Oncorhynchus masou* subsp.
ヤチウグイ　*Phoxinus percnurus sachalinensis*
タナゴ　*Acheilognathus melanogaster*
アリアケギバチ　*Pseudobagrus aurantiacus*
エゾトミヨ　*Pungitius tymensis*
オヤニラミ　*Coreoperca kawamebari*
アカメ　*Lates japonicus*
イサザ　*Chaenogobius isaza*
シロウオ　*Leucopsarion petersii*

情報不足（DD）

ミツバヤツメ　*Entosphenus tridentatus*
イシカリワカサギ　*Hypomesus olidus*
ヤマナカハヤ　*Phoxinus lagowskii yamamotis*
イドミミズハゼ　*Luciogobius pallidus*
ネムリミミズハゼ　*Luciogobius dormitoris*

絶滅のおそれのある地域個体群（LP）

西中国地方のイワナ（ゴギ）
Salvelinus leucomaenis imbrius
紀伊半島のイワナ（キリクチ）
Salvelinus leucomaenis japonicus

無斑型が混在する関東地方のヤマメ個体群 Oncorhynchus masou masou

無斑型（イワメ）が混在する西日本のアマゴ個体群 Oncorhynchus masou ishikawae

山陰地方のアカヒレタビラ Acheilognathus tabira subsp.1

大阪府のアジメドジョウ Niwaella delicata

福島以南の陸封イトヨ類（ハリヨを含む） Gasterosteus aculeatus complex

沖縄島のタウナギ Monopterus albus

関東地方のジュズカケハゼ Chaenogobius laevis

琉球列島のミミズハゼ Luciogobius guttatus

沖縄島のマサゴハゼ Pseudogobius masago

東京湾奥部のトビハゼ Periophthalmus modestus

沖縄島のトビハゼ Periophthalmus modestus

東北地方のハナカジカ Cottus nozawae

●参考文献

本文中に記載した文献以外に、以下の文献を参考にさせていただいた。

『追われる生きものたち―神奈川県レッドデータ調査が語るもの』神奈川県立生命の星・地球博物館、一九九六
『季刊考古学　第五六号　特集：稲作の伝播と長江文明』、雄山閣出版、一九九六
『公共事業をどうするか』五十嵐敬喜・小川明雄、岩波新書、一九九七
『これでわかる農薬キーワード事典』本間慎・杉山浩・石塚皓造監修、合同出版、一九九五
『サクラソウの目―保全生態学とは何か』鷲谷いずみ、地人書館、一九九八
『水田生態系における生物多様性』農水省農業環境技術研究所編、養賢堂、一九九八
『水田の考古学』工藤善通、東京大学出版会、一九九一
『水田ものがたり』山崎不二夫、農山漁村文化協会、一九九六
『水田を守るとはどういうことか』守山弘、農山漁村文化協会、一九九七
『生物多様性とその保全』（岩波講座地球環境学5）井上民二・和田英太郎編、岩波書店、一九九八
『生命系―生物多様性の新しい考え』岩槻邦男、岩波書店、一九九九
『淡水生物の保全生態学』（自然復元特集5）森誠一編著、信山社サイテック、一九九九
『日本生態学会誌　四八　特集：低湿地生態系の保護』、日本生態学会、一九九八
『日本農薬事情』河野修一郎、岩波新書、一九九〇
『日本の淡水魚類』水野信彦・後藤晃編、東海大学出版会、一九八七

『日本の農業用水』農業水利研究会編、地球社、一九八〇
『日本の両生類と爬虫類（第一六回特別展解説書）』大阪市立自然史博物館、一九八九
『農地工学』穴瀬真・安富六郎・多田敦、文永堂出版、一九九二
『ビオトープの基礎知識』ヨーゼフ・ブラーブ、財団法人日本生態系協会、一九九七
『古島敏雄著作集　第三巻　近世日本農業の構造』古島敏雄、東京大学出版会、一九七四
『保全生態学入門』矢原徹一・鷲谷いずみ、文一総合出版、一九九六
『メダカの生物学』江上信雄・山上健次郎・嶋昭紘編、東京大学出版会、一九九〇
『リゾート列島』佐藤誠、岩波新書、一九九〇

あとがき

私が「生物多様性」を実感したのは、学生時代に訪れた沖縄で、きらびやかなサンゴ礁の世界をのぞいたときだった。もっとも、そのころはまだ生物多様性という言葉は使われていなかったのだが。

そこには、人間の想像力などはるかに超えた、多種多様で色とりどりの生きものたちがいた。私は夢中になって、何度もサンゴ礁の海に通い、潜った。

そして、あるとき気がついたのだ。派手な色彩こそないが、かつての水田地帯にも、サンゴ礁に負けるとも劣らぬ豊かな生きものの世界が広がっていた。私が、いや水田地帯で育った多くの大人たちが、子どものころ見ていた世界、あれが「生物多様性」そのものだったのではないかと。

私たちの祖先は、そのような世界を生産の場として営々と築き上げてきたのだった。私たちはそれを誇りに思っていい。その世界を、もう一度取り戻したいと考えるのは、私だけではないと信じたい。

水田をめぐるさまざまな状況は、いま八方ふさがりのように見える。何もしなければ水田地帯からメダカが完全に消え果てる日は確実にやってくるだろう。そして、そのとき「崩壊」はメダカにとどまるものではないにちがいない。

本書を『メダカが消える日』という、少々ショッキングなタイトルにしたのは、多くの人に、まず現実に水田地帯で起こっていることに目を向けてほしかったからだ。しかし、本書をお読みいただければわかるように、私は希望を失っているわけではない。本書は、警告や告発ではなく、提案のつもりで書いた。私たちはこれから再生への長い歩みを始めなければならない。一歩一歩足を進めるしかない。

執筆にあたって、新潟大学理学部の酒泉満教授、宇都宮大学農学部の水谷正一教授には、学術的な立場から有益な助言をいただき、貴重な研究成果を引用させていただいた。浅田ちひろさんにはメダカとカダヤシのイラストを、吉武美保子さんには水田の近自然化に関する図を描いていただいた。さらに、編集を担当していただいた岩永泰造氏をはじめとする岩波書店のみなさんのご尽力がなければ、本書をつくりあげることはできなかった。ここにお礼申し上げます。

最後に、この間私の活動を支えてくれた友人たち、家族、そして何よりエコロジカルウェッブに情報を寄せてくださった数多くの方々に、感謝いたします。

なお、本書では一部管理されている場所を除いて、メダカ生息地が特定できるような記述をあえて避けた。万が一心ない人によって乱獲されることをおそれたからである。ご理解を願いたい。

西暦二〇〇〇年の春に

小澤祥司

●著者略歴

小澤祥司（おざわ・しょうじ）

一九五六年、静岡県生まれ。環境教育コーディネーター。出版社勤務などを経て、現在（有）アースキッズ代表。環境教育プログラムやソフトの制作のほか、自然エネルギーの普及、生態系の保全と復元、持続可能な生産システムや地域開発に関する計画づくりなどを手がける。社会の中にエコロジーを根づかせることが活動のテーマ。自然教育のためのＷＷＷサイト、「エコロジカルウェッブ」を運営。エコハウジングネットワーク事務局長。夢は半農半漁の生活。

エコロジカルウェッブ　http://www.gws.ne.jp/home/ozawa/

著者が主宰するインターネットサイト。「さがそう！　あそぼう！　しらべよう！」をキャッチフレーズに、子どもたちが身近な生きもの・自然とふれあうための方法やヒントを提案する。

　ほかに、メダカ保全活動のネットワーク「めだかネット」や炭焼きについてその原理やさまざまな炭窯を紹介する「炭焼きの里」、全国の自然教育に関するホームページを集めた「エコリンク」などのコーナーがある。

メダカが消える日

2000年4月21日　第1刷発行
2005年6月6日　第8刷発行

著　者　小澤祥司《おざわしようじ》

発行者　山口昭男

発行所　株式会社　岩波書店
〒101-8002 東京都千代田区一ツ橋 2-5-5
電　話　案内 03-5210-4000
http://www.iwanami.co.jp/

印刷・精興社　製本・桂川製本

ISBN 4-00-002257-1　Printed in Japan